Peter Kurze

Die Borgward-Chronik

Besser fahren, Borgward fahren · 1957

Ein Rückblick auf Autos, Mitarbeiter und Werksalltag bei Borgward, Goliath und Lloyd

Mit Beiträgen von Ulf Kaack und Bernhard Völker

Impressum

Freudenbergstraße 4
28213 Bremen
www.peterkurze.de
pk@peterkurze.de

Peter Kurze
Besser fahren,
Borgward fahren · 1957

Ein Rückblick auf Autos, Mitarbeiter und Werksalltag bei Borgward, Goliath und Lloyd

Druck: Quedlinburg Druck GmbH
06484 Quedlinburg

ISBN 978-3-927485-57-0

CARL F.W. BORGWARD GMBH

GOLIATH-WERK GMBH

LLOYD MOTORENWERKE GMBH

BORGWARD-GRUPPE

SONSTIGES

Das Borgward-Pkw-Programm 1957

Das Borgward-Programm bestand Anfang des Jahres 1957 aus dem Hansa 2400 Pullman (II. Version) und der Isabella, die es in drei Ausführungen gab: Standard (60 PS), TS (75 PS) sowie dem Combi-Modell (60 PS). Ab Februar des Jahres produzierten die Bremer eine Luxusversion, die TS de Luxe, die gegenüber der TS eine reichhaltigere Ausstattung (Scheibenwaschanlage, seitliche Fensterrahmen verchromt, gepolstertes Armaturenbrett und Sonnenblenden sowie Make-up-Spiegel) besaß. Der Höhepunkt im Sortiment war allerdings das neue Isabella Coupé, das ebenfalls ab

Isabella TS de Luxe Ausführung ab 2/1957.

Februar angeboten und offiziell dem internationalen Markt im März auf dem Genfer Automobilsalon vorgestellt wurde.

Im August und September führte man etliche Verbesserungen Schritt für Schritt in die Isabella-Serie ein. Der seitliche „Borgward"-Schriftzug rückte aus dem hinteren Bereich der vorderen Kotflügel an die Scheinwerfer. TS, TS de Luxe (Fahrgestellnr. 1.119.452) und das Coupé (ab 346.589) erhielten geänderte obere Frontblinkleuchten.

Im September folgten neben vielen Detailänderungen auch die Erneuerung des Tachometers. Weg von den Rundinstrumenten hin zu den modischen Balkentachos („Fieberthermometer"). Der Kraftstofftank fasste nun statt 42 Liter 48 Liter. Die Summe dieser Änderungen bezeichnete die Werbeabteilung als Modell 1958.

Borgward nutzte in der Nachkriegszeit zur Präsentation neuer Autos hauptsächlich die Internationale Automobilausstellung (IAA) in Frankfurt am Main. Die Frankfurter Ausstellung besaß zwar den Nachteil, dass sie nur in den ungeraden Jahren stattfand[1], aber den Vorteil, dass sie direkt nach den Werksferien der Automobilindustrie jeweils im September ihre Tore öffnete. So stellte die Indus-

1 Eine Ausnahme: 1950

Seit Februar 1957 fertigte das Werk auch das Isabella Coupé in Serie.

Äußerlich unterschied sich das 58er- vom 57er-Modell hauptsächlich durch geänderte obere Blinkleuchten (TS, TS de Luxe, Coupé) und durch die beiden nach vorn verlegten „Borgward"-Schriftzüge.

Borgward PKW	Frühjahr 1957 Modell 1957	Herbst 1957 Modell 1958
Isabella	7.165 DM	7.465 DM
Isabella TS	8.305 DM	8.305 DM
Isabella TS de Luxe	8.825 DM	8.725 DM
Isabella Combi	7.380 DM	7.765 DM
Isabella Coupé	10.725 DM	10.925 DM
Isabella Cabriolet	-----	15.825 DM
Hansa 2400 Pullman II	12.500 DM	12.750 DM
Quelle: ams, Heft 6/1957 und Heft 20/1957		

PKW-Verkaufspreise (inkl. Heizung) der Borgward-Werke 1956-1958.

trie die Fertigungsbänder in den Werksferien auf die neuen Typen um, konnte auf der IAA die Neuerungen vorstellen und, da man schon etwas auf Vorrat produziert hatte, sofort liefern. Diesen Vorteil nutzte auch Borgward und präsentierte 1957 in Frankfurt erstmals die Typen Isabella (Modell 1958), Isabella Cabrio auf Basis des Coupés und den Frontlenker B 611.

Auch der ab 1955 gefertigte Hansa 2400 Pullman (Modell II) erhielt ab März einige äußerst dezente Änderungen. Seitliche Zierleisten sollten die Länge dieses Oberklasse-Fahrzeugs unterstreichen. Die A-, B_1- und B_2-Säulen waren nun verchromt.

IAA 1957 in Frankfurt am Main: Borgward zeigte auf seinem PKW-Stand den Repräsentationswagen Hansa 2400 Pullman (II) und die Isabella in den Versionen Limousine (Standard, TS), Combi, Coupé, Cabriolet auf Coupé-Basis sowie eine violett lackierte TS de Luxe-Limousine auf dem Drehgestell (500.000. Fahrzeug der Borgward-Gruppe seit 1948).

Carl F.W. Borgward präsentiert das neue Isabella Cabriolet auf Coupé-Basis den Motorjournalisten auf der IAA im September 1957.
Unten: Seitliche Zierleisten und verchromte Fenstereinfassungen kennzeichnen den Hansa 2400 Pullman ab 1957.

Das Goliath-Pkw-Programm 1957

Das Goliath-Werk lag in Bremen-Hastedt, der Wiege des Bremer Automobilbaus. Es litt seit Jahren an zu geringen Gewinnen. Ursache waren die hohen Herstellungskosten und die geringen Margen, da sich die Verkaufspreise der PKW an den Marktführern DKW und VW ausrichteten. Nicht nur beim Kaufpreis musste der Goliath-Kunde tief in die Taschen greifen, auch die Unterhaltskosten waren teuer. So betrugen die Kilometerkosten (einschließlich der Fixkosten, der Abschreibung und der kalkulatorischen Zinsen) bei einer jährlichen Fahrtstrecke von 10.000 Kilometern beim Goliath GP 900 E 34,1 Pf/km, beim VW Käfer Export nur 28,8 Pf/km.[1] Auch der Aufwand auf den ersten 50.000 km für Inspektionen ist recht aufschlussreich:[2]

Die billigsten PKW		Die teuersten PKW	
- DKW 3=6	180,40 DM	- Goliath GP 700	382,00 DM
- Lloyd LP 400/600	193,00 DM	- Mercedes 220 S	386,00 DM
- Goggo 300 cm³	215,00 DM	- Opel Kapitän	418,00 DM
- Ford 15 M	216,50 DM	- Borgward Isabella	428,50 DM
- VW Käfer	246,00 DM	- Goliath GP 900	452,50 DM

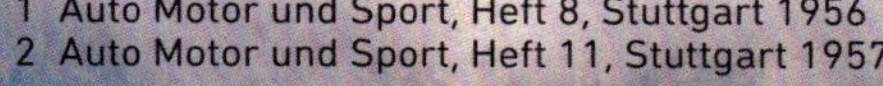

1 Auto Motor und Sport, Heft 8, Stuttgart 1956
2 Auto Motor und Sport, Heft 11, Stuttgart 1957

Die Produktion der Goliath 2-Takt-Pkw lief Anfang des Jahres 1957 aus (Foto GP 900).

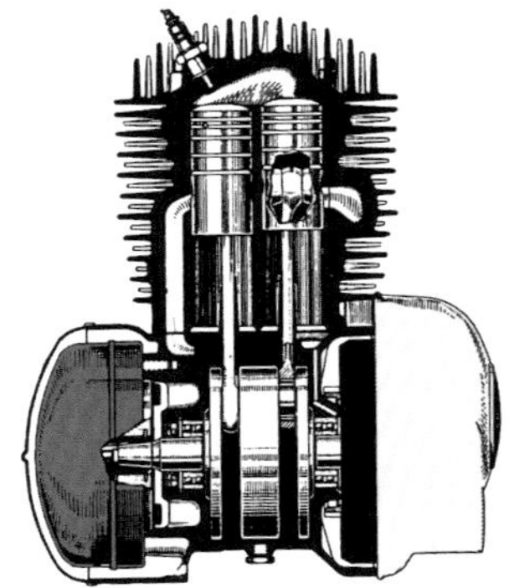

Goliath experimentierte Mitte der 50er-Jahre mit 2-Takt-Doppel-Kolben-Motoren, wie sie von Triumph (Zeichnung) und Puch verwendet wurden.

Auf die Frage, weshalb Carl F. W. Borgward die Goliath-Produktion nicht eingestellt hat, antwortete später sein Sohn Peter, dass sein Vater das Werk aus sentimentalen Gründen fortgeführt habe.

Wie dem auch sei, die Goliath-Leute kamen zu der Auffassung, dass sie mehr Fahrzeuge verkaufen, wenn sie den Trend zum 4-Takt-Motor aufgreifen und den Frontantrieb beibehalten würden.[3]

Schon seit 1953 experimentierte man in Bremen-Hastedt mit Doppel-Kolben-Motoren, wie sie bei den Motorradherstellern Triumph (Nürnberg) und Puch (Österreich) zum Einsatz kamen. Das führte nicht zum gewünschten Erfolg, weshalb man einen 4-Takt-Motor mit 1100-cm^3-Hubraum und einer Leistung von 40 PS entwickelte. Durch die vorgegebene Karosserie des GP 700/900 musste das Aggregat eine kurze Baulänge aufweisen. Da bot sich die Boxer-Bauweise mit ihren gegenüberliegenden Zylindern an. Die Konstrukteure studierten und kopierten das VW-Käfer- sowie das BMW R51-Triebwerk und konstruierten Details um, damit keine Fremdpatente verletzt wurden.[4]

Im Februar 1957 kamen die neuen Goliath-Wagen GP 1100 als Limousine, Cabrio-Limousine und Kombi auf den Markt (offizielle Vor-

3 Die Fahrzeug-Entwicklung gab ihnen später recht. Mit dem Bauende des letzten Goggomobils 1969 war auch der 2-Takt-Motor als PKW-Antrieb gestorben. Und in der Kleinwagen- und Mittelklasse setzte sich der Frontantrieb durch.
4 Interview mit Goliath-Konstrukteur Dipl.-Ing. Joachim Keibel am 20.1.1997.

Auch die Kombi-Fertigung des GP 700 und des GP 900 (Foto) wurde eingestellt.

Der neue GP 1100 unterschied sich zu den Typen GP 700/900 hauptsächlich durch eine geänderte Kühlermaske und einen 4-Takt-Boxermotor.

PKW-Produktion [Stück] des Goliath Werks 1956-1958 und Verkaufspreise 1957 (inkl. Heizung).

<table>
<tr><th>Goliath-Werk</th><th>1956 [St]</th><th>1957 [St]</th><th>1958 [St]</th><th>1957 [DM]</th></tr>
<tr><td>700 Limousine</td><td rowspan="2">1168</td><td rowspan="2">141</td><td rowspan="2">---</td><td>5.410 DM</td></tr>
<tr><td>700 Cabrio-Lim.</td><td>5.810 DM</td></tr>
<tr><td>700 Kombi</td><td>778/10*</td><td>25/0*</td><td>---</td><td>5.610 DM</td></tr>
<tr><td>900V Limousine</td><td rowspan="2">4899</td><td rowspan="2">159</td><td rowspan="2">---</td><td>5.660 DM</td></tr>
<tr><td>900V Cabrio-Lim.</td><td>6.060 DM</td></tr>
<tr><td>900V Kombi</td><td>1307/0*</td><td>247/0*</td><td>---</td><td>5.860 DM</td></tr>
<tr><td>900E Limousine</td><td colspan="2" rowspan="2">in 900V Limousine enthalten</td><td rowspan="2">---</td><td>5.925 DM</td></tr>
<tr><td>900E Cabrio-Lim.</td><td>6.325 DM</td></tr>
<tr><td>900E Kombi</td><td colspan="2">in 900V Kombi enthalt.</td><td>---</td><td>6.125 DM</td></tr>
<tr><td>1100 Limousine</td><td rowspan="4">---</td><td rowspan="4">7033</td><td rowspan="4">4058</td><td>6.135 DM</td></tr>
<tr><td>1100 Cabrio-Lim.</td><td>6.585 DM</td></tr>
<tr><td>1100 Coupé</td><td>7.785 DM</td></tr>
<tr><td>1100 Luxus-Lim.</td><td>7.165 DM</td></tr>
<tr><td>1100 Kombi</td><td>---</td><td>2079/54*</td><td>1738/69*</td><td>6.385 DM</td></tr>
<tr><td>Jagdwagen</td><td>15</td><td>20</td><td>52</td><td></td></tr>
</table>

* 1. Zahl = Kombinationskraftwagen, 2. Zahl = Geschäftswagen (Kombi ohne hintere seitliche Scheiben und ohne hintere Sitze.
Quelle: VDA, Tatsachen und Zahlen aus der Kraftverkehrswirtschaft, Frankfurt a.M. 1959

stellung auf dem Genfer Salon, 14.-24. März) und die Produktion der 2-Takt-Typen GP 700/900 wurde eingestellt. Ein elegantes Coupé und eine Luxusversion der Limousine (beide mit auf 55 PS leistungsgesteigerten Motor) komplettierten ab der IAA im September das Angebot.

Eines der neuen Goliath GP 1100-Coupés wird als Hauptgewinn bei der alljährlichen Bremer Bürgerpark-Tombola verlost.

Das Lloyd-Pkw-Programm 1957

Lloyd hatte 1955 seinen zweitaktenden 400er durch einen 600-cm^3-4-Takt-Motor erheblich aufgewertet. Dieser Wagen, als LP 600 bezeichnet, verkaufte sich ausgezeichnet. Der Lloyd-Informationsdienst, bestehend aus Marktforschungs-, Werbe- und Presseabteilung, unter der Leitung von Wolf D. Voltmer schrieb 1957 in einer großen Aktion annähernd 40.000 Lloyd-Fahrer an. Die Antworten auf den Fragebogen ergaben schon in der Vorauswertung, dass der 600er mit wenigen Dingen erheblich aufgewertet werden kann. Auf der Wunschliste standen oben an:

- voll versenkbare Türscheiben statt der Schiebefenster
- Kofferraumklappe damit der Kofferraum nicht von innen beladen werden muss
- Stufenlos verstellbare Vordersitzlehnen
- Aschenbecher
- Synchronisiertes Getriebe

Die Wünsche waren recht einfach zu erfüllen und flossen in das neue Modell Alexander ein. Ein synchronisiertes 4-Gang-Getriebe statt des mit Zwischengas zu schaltenden 3-Gang-Getriebes gab es allerdings nur gegen Aufpreis. Erst 1958 bekam der Alexander das Getriebe serienmäßig.

Bauende 1957: LP 600 Limousinen-Cabrio, LP 250, LP 400 Kombi und LP 400 Limousine.

Freunde des weißen Sports wissen den Alexander sicher besonders zu schätzen. Sein sportlich beherrschtes Temperament und seine überlegene Sicherheit sind Eigenschaften, die jeden Fahrer begeistern. - Kultivierter Fahrkomfort und spielend leichte Handhabung zeigen, daß der Alexander auch Ihren Ansprüchen gerecht wird. - Durch eine große Auswahl modischer Farben und geschmackvoll angepaßte Polsterbezüge wird jeder Alexander zu einem Fahrzeug mit individueller Note. - Denken Sie auch dann an dieses ausgereifte Automobil, wenn der Wunsch nach einem handlichen Zweitwagen wach wird.

LLOYD

Alexander

<table>
<tr><th>Lloyd</th><th>1956 [St]</th><th>1957 [St]</th><th>1958 [St]</th><th>1957</th></tr>
<tr><td>LP 250</td><td>2.568</td><td>1.200</td><td>---</td><td>3.040 DM</td></tr>
<tr><td>LP 400</td><td rowspan="3">10.748</td><td rowspan="3">2.026</td><td>---</td><td>3.350 DM</td></tr>
<tr><td>LP 400 Cabrio-Lim.</td><td>---</td><td>3.680 DM</td></tr>
<tr><td>LP 400 Kombi</td><td>---</td><td>3.480 DM</td></tr>
<tr><td>LP 600</td><td rowspan="2">35.329</td><td rowspan="4">45.907</td><td rowspan="4">46.780</td><td>3.658 DM</td></tr>
<tr><td>LP 600 Kombi</td><td>3.758 DM</td></tr>
<tr><td>Alexander</td><td>---</td><td>3.858 DM</td></tr>
<tr><td>Alexander Kombi</td><td>---</td><td>3.958 DM</td></tr>
</table>

PKW-Produktion [Stück] der Lloyd Motoren Werke 1956-1958 und Verkaufspreise 1957 (inkl. Heizung).

Quelle: VDA, Tatsachen und Zahlen aus der Kraftverkehrswirtschaft, Frankfurt a.M. 1959

Der Alexander rollte ab der zweiten Hälfte des Jahres 1957 vom Band. Gleichzeitig stellten die Bremer die Produktion der Typen LP 250, 400 und 600 (einschließlich Kombi und Cabrio-Limousine) ein. Es entstand neben dem Alexander ein Lloyd 600 Standard als Limousine und Kombi. Er besaß die Karosserie des LP 400 (vordere Blinkleuchten unter den Scheinwerfern) und den Motor des bisherigen LP 600 bzw. Alexanders (596 cm^3-Hubraum, 19 PS).

Lloyd LP 600 Standard, die Sparversion mit lackierten Stoßstangen, ohne Kofferraumklappe, mit seitlichen Schiebefenstern und nur kleinen Kotflügelblinkern.

Konkurrenz-Fahrzeuge (BMW 501/502, Mercedes-Benz 220 S, Opel Kapitän 55/57) des Hansa 2400 Pullman (unten).

Der Hansa 2400 und seine Konkurrenz

Oberklasse-Produktion [St] und Verkaufspreise	1957	VP 19.9.1957
Hansa 2400	97	12.750 DM
BMW gesamt (501 bis 507) / 501-8 Zylinder	1.644	13.515 DM
Mercedes S-Klasse gesamt / 220 S	25.030	12.500 DM
Opel Kapitän gesamt / Mod. 1955-57	29.885	9.350 DM

Quelle: VDA, Tatsachen und Zahlen, ams 20/1957. Verkaufspreise inkl. Heizung.

Der Markt für Oberklasse-Fahrzeuge war stückzahlenmäßig eng begrenzt; durch die hohen Verkaufspreise der Fahrzeuge aber umsatzmäßig interessant. Carl F. W. Borgward hoffte auch, dass das Renommee als Hersteller eines repräsentativen Wagens auf das Image der anderen Fahrzeuge bzw. der Marke abfärben würde. Da aber die Produktion aller 2400er in der gesamten Bauzeit von 7 Jahren nur annähernd 1.400 Einheiten betrug, prägte der Wagen weder das Straßenbild noch das Image. Es mussten auch schon Autofans sein, die auf den ersten Blick den Pullman II von einer Isabella unterscheiden konnten. Damit quälten sich aber auch die Stuttgarter. Ihre S-Klasse unterschied sich äußerlich kaum vom nur 43-PS-leistenden 180er-Diesel.

Die Isabella und ihre Konkurrenz

Mittelklasse-Produktion [St] + Verkaufspreise	1957	VP 19.9.1957
Isabella	23.258	7.465 DM
Ford Taunus 15 M	25.877	6.345 DM
Mercedes 180 und 190 / 180	50.940	8.700 DM
Opel Olympia Rekord	156.407	5.785 DM
Peugeot 203 und 403 (VP 1.10.1957)	97.278	7.740 DM

Quelle: VDA, Tatsachen und Zahlen, ams 20/1957, Motorrevue Okt. 1957/ Produktion ohne Kombi u. Geschäftswagen. Verkaufspreise inkl. Heizung.

Was Borgward mit dem Hansa 2400 nicht gelang, schaffte er auf Anhieb mit dem Isabella Coupé. Das Fahrzeug war stilistisch so gelungen, dass es schnell zu einem Traumwagen avancierte. Der Glanz des Coupés färbte auf Marke und Limousine ab.

Von den annähernd 23.000 im Jahr 1957 produzierten Isabella-Typen (Limousine, Combi und Coupé) wurden in der Bundesrepublik rund 8.000 Einheiten zugelassen, 4.000 gingen zum Hauptexporteur USA, und der Rest verteilte sich auf andere Länder und auf den Jahresüberhang. Da Mangel an Transportraum im Nordatlantikdienst herrschte, charterte Borgward langfristig zwei Schiffe. Die PKW-Exportquote inkl. Combi der Bremer betrug 62,5 %, womit Borgward an der Spitze der Massenhersteller lag (durchschnittliche Quote 48,4 %).

Konkurrenz-Fahrzeuge der Isabella (Foto unten): Ford Taunus 15 M, Mercedes-Benz 180/190, Opel Olympia Rekord 57, Peugeot 403.

Der Goliath 1100 und seine Konkurrenz

Untere Mittelklasse-Produktion [St] + VP	1957	VP 19.9.57
Goliath 1100	7.033	6.135 DM
DKW F 93/94 Sonderklasse / 3=6 F 93	33.371	5.775 DM
Ford Taunus 12 M	17.094	5.850 DM
NSU-Fiat Neckar	6.436	5.600 DM
Renault Dauphine (VP 1.10.1957)	187.926	5.420 DM
VW Käfer	380.561	3.790 DM

Quelle: VDA, Tatsachen und Zahlen, ams 20/1957, Motorrevue Okt. 1957/ Produktion ohne Kombi u. Geschäftswagen. Verkaufspreise inkl. Heizung.

Goliath spielte auf dem PKW-Automobilmarkt nur eine unbedeutende Rolle. Das spiegelt sich in den Produktionszahlen ebenso wider wie in den Zulassungszahlen. Zulassungen in der BRD 1957: VW Käfer (164.573 Einheiten), DKW 3=6 (22.881), Ford Taunus 12 M (14.011), Renault Dauphine (6.703), NSU-Fiat Neckar (6.264), Goliath (3.156).

Die Exportquote einschließlich Kombi lag bei 46,5 %, wobei der US-Markt 1.321 Einheiten aufnahm.

Konkurrenz-Fahrzeuge des Goliath 1100 (Foto unten): DKW Sonderklasse, Ford Taunus 12 M, NSU-Fiat Neckar, Renault Dauphine.

Der Lloyd Alexander und seine Konkurrenz

Kleinwagen-Produktion [St] + Verk.-Preis	1957	VP 19.9.57
Lloyd 600er gesamt / Alexander	45.907	3.858 DM
BMW 600 (Produktionsbeginn!)	327	3.985 DM
Fiat 600 NSU-Fiat Jagst	10.209	4.330 DM
NSU Prinz I (Produktionsbeginn!)	6	3.739 DM

Quelle: VDA, Tatsachen und Zahlen, ams 20/1957, Motorrevue Okt. 1957/ Produktion ohne Kombi u. Geschäftswagen. Verkaufspreise inkl. Heizung.

Lloyd, seit 1950 Platzhirsch auf dem Kleinwagenmarkt, hatte außer dem 4.330 DM teuren Fiat 600 (633-cm^3-Hubraum, 19 PS, 4-Zylinder-4-Takt-Motor) keinen Konkurrenten. 1956 wurden in der Bundesrepublik 28.530 LP 600 (68 %) und 13.653 Fiat 600 (32 %) zugelassen. Bis 1958 veränderte sich das Verhältnis 60 zu 40. Dazu kamen 1957 Wettbewerber, die auch ein Stück des Kuchens beanspruchten: BMW mit der großen Isetta (Typ 600, Fronteinstieg + 1 Seitentür, 2-Zylinder-4-Takt-Boxermotor,19,5 PS, 582 cm^3) und NSU mit dem Kleinwagen Prinz I (2-Zylinder-4-Takt-Motor, 20 PS, 583 cm^3). Allerdings kam die Konkurrenz-Rolle beider süddeutschen Hersteller erst 1958 zum Tragen, da beide Fabriken die Produktion hochfahren mussten. So blieb Lloyd 1957 noch Stückzahlenkönig.

Konkurrenz-Fahrzeuge des Alexanders (Foto unten): BMW 600, NSU-Fiat Jagst 600, NSU Prinz I/II.

Das Borgward-Lkw-Programm

Produktion 1957	Bez. 1959	Diesel	Benziner	Summe
B 1500	B 511	1.421	1.061	2.482
B1500 F	B 611	---	38	38
B 2000	---	155	---	155
B 2500	B 522	665	---	665
B 2000 A / B 2500 A	B 522 A	91	18	109
0,75 tgl Bundeswehr	0,75 tgl	---	2.478	2.478
B 4000	B 544	201	---	201
B 4500	B 555	457	---	457
4500 A	B 555 A	445	---	445
Gesamtsumme		3.435	3.595	7.030

Quelle: VDA, Tatsachen und Zahlen aus der Kraftverkehrswirtschaft, Frankfurt a.M. 1959

Borgward Schnelllaster B 1500 D

Borgwards LKW-Programm erfüllte die Käuferwünsche im Bereich von den Schnelltransportern (Nutzlast bis 1.500 kg) bis zu den schweren LKW (Nutzlast 4 bis 6 t). Neu im Programm war ab September ein erster von Borgward in Serie hergestellter Frontlenker, der Typ B 611 (Nutzlast bis zu 1.830 kg) mit 60-PS-Isabella-Motor. 1957 rollte nur eine Vorserie von annähernd 40 Fahrzeugen vom Band. Ab 1958 begann die reguläre Fabrikation mit erweitertem Sortiment. Neben dem Otto-Motor gab es nun auch das 42-PS-Diesel-Triebwerk.

Das konventionelle Programm bestand nach wie vor aus dem Hauber B 1500, dessen Verkäufe gegenüber dem Vorjahr arg zurückgegangen waren, dem kaum noch verkäuflichen B 2000, dem B 2500 (den die Kunden oftmals statt des B 2000 kauften) sowie dem mittelschweren B 4000 und dem schweren LKW B 4500. Lichtblick war die Fertigung des Bundeswehr-LKW 0,75 tgl, die in diesem Jahr annähernd 2.500 Einheiten betrug.

Von oben:
B 2000 (Diesel 60 PS)
0,75 tgl (82-PS-Benziner, Bundeswehr-Allrad-Kfz)
B 2000 A/B 2500 A (82-PS-Otto- oder 60-PS-Diesel)
B 2500 (60-PS-Diesel-Motor)

Selbstbedienung
BA-AH 335

Goliath beschränkte sich in seinem Nutzfahrzeug-Programm auf zwei Typen:

- 3-Rad-Lieferwagen Goli (Nutzlast 735 kg, 2-Zylinder-2-Takt-Motor, 15 PS)
- 4-Rad-Kleintransporter Express (Nutzlast 900 kg, 2-Zylinder-2-Takt-Motor, 38/40 PS und ab Juni 1957 Nutzlast 950 kg, 4-Zylinder-4-Takt-Motor, 40 PS), den es auch als Kleinbus gab.

Die Produktion betrug 1.573 Goli (Vorjahr 2.737) und 1.539 Express (Vorjahr 2.624).

Lloyd als Massenhersteller produzierte nur zwei Fahrzeug-Typen. Die Bremer boten den bis auf den Motor fast identischen PKW 400/600 und den LT 600 an. Beim LT konnte der Kunde wählen zwischen zwei Radständen (2.350 und 2.850 mm) und den Ausführungen Großraum-Limousine, Kastenwagen und Pick-up/Pritschenwagen (Nutzlast 535 kg, 2-Zylinder-4-Takt-Motor, 19 PS). 1957 betrugen die gefertigten Stückzahlen 748 Transporter und 2.471 Großraum-Limousinen (Vorjahr 774 und 3.119 Einheiten.

Linke Seite: Goliath Goli

Von oben: Goliath Express „Samba"-Bus, Express 1100 Hochpritsche, Lloyd LT 600 Großraum-Lim.

Die Nutzfahrzeug-Produktion der BRD

Die Automobilhersteller sind immer bestrebt, ihre Kapazitäten dem Bedarf der In- und Auslandsmärkte anzupassen.

So gesehen geben die untenstehenden Tabellen nicht nur die Produktionszahlen ausgewählter großer deutscher Hersteller an, sondern auch die Markttendenzen. VW verdrängte auf dem Transporter-Markt alle anderen Teilnehmer. Goliath und Lloyd

Kleintransporter bis 0,99 t	1956	1957	1958
Lloyd LT 500 / 600	3.893	3.219	2.835
Produktionsanteil	4,0%	2,7%	2,1%
Goliath Express	2.624	1.539	1.423
Produktionsanteil	2,7%	1,3%	1,1%
VW Transporter	62.492	91.993	101.873
Produktionsanteil	64,1%	76,2%	77,2%
Ford FK 1000 / 1250	13.478	13.415	14.872
Produktionsanteil	13,8%	11,1%	11,3%
Tempo 4-Rad	9.787	8.607	7.687
Produktionsanteil	10,0%	7,1%	5,8%
DKW Schnelllaster	7.827	3.540	4.667
Produktionsanteil	8,0%	2,9%	3,5%
Summe	97.477	120.774	131.934

3-Rad Kleintransporter	1956	1957	1958
Goliath Goli	2.737	1.573	1.222
Produktionsanteil	85%	100%	100%
Tempo 3-Rad	498		
Produktionsanteil	15%		
Summe	3.235	1.573	1.222

Leicht-LKW 1-1,99 t	1956	1957	1958
Mercedes 319	1.037	6.438	9.209
Produktionsanteil	4,6%	26,5%	34,7%
Borgward B 1500 + B 1500F	3.693	2.520	3.947
Produktionsanteil	16,5%	10,4%	14,9%
Opel Blitz	12.642	11.375	9.602
Produktionsanteil	56,6%	46,7%	36,2%
Hanomag L 28 + Kurier	4.973	4.002	3.753
Produktionsanteil	22,3%	16,4%	14,2%

Klassensieger (von oben):
- Kleintransporter: VW Typ 2/T1
- 3-Rad-Transporter: Goli
- Leicht-LKW: Opel Blitz

standen chancenlos da. Nachdem sich Tempo aus dem 3-Rad-Markt zurückgezogen hatte, besaß Goliath zwar 100 %, aber in einem zusammenbrechenden Segment. Der Leicht-LKW-Markt wuchs stetig, ebenso stetig verlor Borgward Anteile, bis durch den Frontlenker B 1500 F/B 611 eine Erholung eintrat. Auf dem relativ kleinen Teilmarkt der mittelschweren LKW war die Nachfrage rückläufig, betraf Borgward allerdings nicht. Den Markt der schweren LKW dominierte Mercedes-Benz. Borgward verlor permanent Marktanteile.

Summe	22.345	24.335	26.511
Mittelschwere LKW 2-2,99 t	**1956**	**1957**	**1958**
Borgward B 2000 + B 2500*	828	820	756
Produktionsanteil	21%	28%	27%
Ford FK 2500	882	514	539
Produktionsanteil	23%	17%	19%
Summe Hanomag L 28 + AL28	2.153	1.638	1.547
Produktionsanteil	56%	55%	54%
Summe	3.863	2.972	2.842

*Ohne Borgward 0,75 tgl Bundeswehr

Schwere LKW 4-5,99 t	1956	1957	1958
Borgward B 4000, B 4500	1.937	1.103	980
Produktionsanteil	6,2%	3,7%	1,4%
Büssing	19	10	129
Produktionsanteil	0,1%	0,0%	0,2%
Daimler-Benz 312, 321, 315	20.695	19.930	60.669
Produktionsanteil	66,2%	66,9%	87,4%
Faun F54/56	69	18	1
Produktionsanteil	0,2%	0,1%	0,0%
Ford FK 4500	2.760	1.767	237
Produktionsanteil	8,8%	5,9%	0,3%
Henschel HS 100,11,12 etc.	1.292	818	925
Produktionsanteil	4,1%	2,7%	1,3%
KHD S4500, 5500, Mercur I	5.460	4.029	2.871
Produktionsanteil	17,5%	13,5%	4,1%
Krupp Elch + Widder	765	302	460
Produktionsanteil	2,4%	1,0%	0,7%
MAN	1.009	3.565	3.412
Produktionsanteil	3,2%	12,0%	4,9%
Summe	31.246	29.775	69.447

Klassensieger (von oben):
- Mittelschwere LKW: Hanomag L28
- Schwere LKW: Mercedes-Benz L 311-312-315

Quelle: VDA, Tatsachen und Zahlen, a.a.O.

NEU: Borgward Isabella Coupé

Isabella Deutsch Coupé.

Erwischt! Carl F.W. Borgward verlässt am 29. August 1956 mit dem Coupé-Prototyp Nr. 1 das Werk. Durch Zufall bekommt Werksfotograf Walter Richleske das mit, zückt die Kleinbildkamera und drückt ab. Das erste Foto, das den neuen Typ auf der Straße zeigt.

Entwicklung und Facelifting

Schuld, dass Borgward 1957 eine Coupé-Version der Isabella herausbrachte, hatte eigentlich die Karosseriefabrik von Karl Deutsch in Köln. Die Kölner boten seit 1955 über Borgwards Händlernetz ein Coupé an, das sich kaum verkaufte. Es lag vermutlich am hohen Verkaufspreis von annähernd 10.000 DM und an der nicht sehr eleganten Form, die einige als „Isabella mit Stahlhelm" bezeichneten. Der mangelnde Erfolg brachte Carl F.W. Borgward wohl auf die Idee, ein eigenes Coupé zu entwickeln.

So entwarfen Hermann Lünsmann (1. Konstrukteur, Gruppenleiter, 1905-1996), Walter Dziggel (Chef PKW-Konstruktion, 1908-1991) und Hermann Böse (Karosseriekonstrukteur, 1913-2001) die Karosserie.

Im Sommer 1956 entstand zumindest ein Prototyp (zwei weitere folgten noch im selben Jahr),[1] den Carl F.W. Borgward eigenhändig durch den Bremer Verkehr bewegte. So auch am Mittwoch, 29. Au-

1 Einige Sekundär-Quellen sprechen von 4, andere von 2 Prototypen. Die Fotos des Werksfotografen zeigen allerdings drei unterschiedliche Fahrzeuge.

Prototyp	1	2	3
Lackierung	2-farbig	maroonrot	beige/hellblau
Kühlergrill	offen	Feingitter	senkr. Streben
Kennzeichen auf Fotos	AE 21-0880*	HB-AU 380	HAM-R 45**
	HB-AA 114		AE 21-0542*
	D-AA 25**		AE 21-0310*
* Rotes Kennzeichen für Probefahrten			
** Kennzeichen ohne Zulassung nur für Fotozwecke			

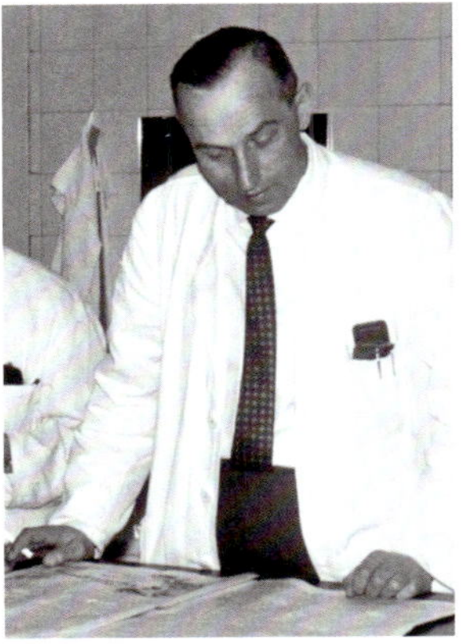

Ing. Hermann Böse „formte" das Coupé. Unten: Ing. Hermann Lünsmann (Borgwards rechte Hand in der Konstruktion) und Ing. Walter Dziggel am Modell des Isabella Coupés.

gust 1956. Und da stand Walter Richleske, der Werksfotograf, gegenüber der Werkseinfahrt, aus der Carl Borgward mit dem Coupé kam. Richleske drückte noch rechtzeitig den Auslöser. So entstand wohl das erste Foto, das Richleske allerdings nie veröffentlichte, wohl wissend, dass eine Veröffentlichung legal gewesen wäre, aber dem Werk Schaden zugefügt hätte.[2]

Im Laufe des Jahres entstanden zwei weitere Prototypen. Aller-

2 Durch vorzeitige Veröffentlichungen von Fotos eines neuen Typs sinken die Verkaufszahlen des aktuellen Modells. Es wäre durchaus möglich gewesen, dass die Verkäufe zumindest der TS-Limousine darunter gelitten hätten.

dings besteht auch die Möglichkeit, dass Prototyp 1 mit senkrechten Streben im Kühlergrill versehen und als Wagen 3 identifiziert wurde.

Den zweiten, maroonroten Prototyp (Fahrgestellnr. #346 002, Feingitter in der Kühlermaske) erhielt Carl Borgwards Ehefrau Elisabeth zu Weihnachten 1956 geschenkt. Das Fahrzeug befindet sich noch heute im Familienbesitz.

Der 3. Prototyp unterschied sich von den zwei Vorläufern durch senkrechte Streben in der Kühlermaske, wie sie auch bei den Isabella-Limousinen bis Ende 1956 verwendet wurden.

Am 16. November 1956 entstanden die ersten Werbe- und Pressefotos. Eine schnelle Billigproduktion. Kulisse war nämlich für den Prototyp Nr. 1 nicht ein südliches Land, in dem die Bäume noch Laub hatten, sondern das winterliche, dunkle und graue Bremen. So konnten aber wenigstens die Zeitungen Ende November über die Neuerscheinung berichten.

Im Februar 1957 begann die Serienherstellung. Diese Fahrzeuge besaßen den Kühlergrill ohne senkrechte Streben, und die Fel-

Prototyp 2 in der Fahrversuch-Abteilung in Halle 0 im Winter 1956/57. Der Wagen hat heute noch das Kennzeichen, welches ihm damals zugeteilt worden war.

gen waren lackiert, nicht mehr verchromt. Vermutlich erhielten die Wagen auch das Kunststoffschildchen mit dem Schriftzug „Isabella" statt der Einzelbuchstaben „HANSA 1500" im Front-Rhombus. Ab Fahrgestellnr. #346 543 (Sommer 1957) erhielten die Coupés ein Lenkrad mit tiefliegender Nabe und Stahlspeichen, asymmetrische Scheinwerfer und neue Heizung-/Lüftungsbetätigungen. Wenige Wagen später (#346 588) ersetzte man die flachen Leuchtkappen der vorderen Blinkleuchten durch eine hohe Version, und die beiden „Borgward"-Schriftzüge an den Seiten der vorderen Kotflügel wurden nicht mehr hinten, sondern vorne befestigt. Neu auch die Vorderachse mit Kugeltraggelenken an den Querlenkern.

Ein Jahr später, im August 1958 (Modell 1959, #366 681) bekam das Coupé den kleinen Rhombus im Kühlergrill, der nach Meinung von zeitgenössischen Motorjournalisten dem Wagen auch besser stand. Auf Wunsch gab es der damaligen Mode entsprechend aufsetzbare Heckflossen, die sich aber keiner großen Beliebtheit erfreuten und vom TÜV nicht gern gesehen wurden.

Ab Oktober 1959 (#367 081) wurde eine neue Haubenfigur mit ei-

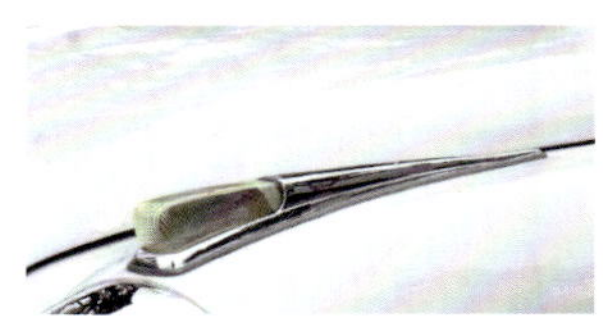

Hohe Blinker-Leuchtkappe ab Wagen 346 588.

Prototyp 3 mit dem NAMAG-Lloyd-Bus von 1908, der zu Carl F.W. Borgwards 65. Geburtstag 1955 restauriert wurde. Deutlich sieht man die flachen Kappen der Blinkleuchten.

Werbeanzeige vom 2. März 1957. Fahrzeug mit „HANSA 1500"-Schild im Rhombus.

ner Länge von 270 mm statt 350 mm und ab #367 113 ein neues Tachometer mit Tageskilometer-Zähler verbaut.

Hintere Ausstellfenster kamen erst beim Modell 1961 im Juni 1960 (#369 348) zum Einsatz.

Ab Januar 1961 hatte das Coupé auch die Radkappen des P 100, und im Juni 1961 zierte wieder ein Feingitter den Kühllufteintritt. Eine Parkleuchte an der C-Säule und der Zylinderkopf mit eingegossenen Stößelrohren kennzeichneten das 62er-Modell.

Zur IAA 1961, an der Borgward wegen des Konkursantrags nicht mehr teilnahm, wollte die Werksleitung ein Coupé vorstellen, das den 6-Zylinder-Motor 6 M 2,3 II TS

Oben: Armaturenbrett der Ausführung I mit Lenkrad ohne Drahtspeichen und Heizungsbedienhebeln vom Hansa.
Mitte: Ausführung II ab Sommer 1957 (ab 10/1959 mit Tages-km-Zähler).
Unten: Schwarze Armaturentafel des IAA-Coupés. Deutlich zu sehen das Loch im Kardantunnel für die Knüppelschaltung.

aus dem P100 und ein Getriebe mit Knüppelschaltung besaß. Ein Musterwagen in den Farben Mövengrau-Schwarz-Mövengrau entstand im Juni 1961. Innen war das Fahrzeug mit rot-/cremefarbe-

Coupé mit Heckflossen-Aufsatz.

nem Nappaflex ausgekleidet. Das Armaturenbrett präsentierte sich im sportlichen grau mit schwarzen Polsterungen und Instrumenten.

Die Coupés sind in der VDA-Statistik unter Isabella aufgeführt, sodass sich hieraus keine Produktionszahlen ableiten lassen. Deshalb kann man nur anhand der Fahrgestellnummern die Anzahl der gebauten Coupés ermitteln (siehe Tabelle).[3] Bekannt ist die am 1. Juli 1961 vergebene Nummer #370 714. Unbekannt ist die Anzahl der danach entstandenen Fahrzeuge und damit die höchste vergebene Identnr. So lässt sich die Gesamtzahl nur schätzen. Die höchste bekannte Nummer eines Coupés ist #371 120[4], was zu einer minimalen Gesamtmenge von 9.539 Exemplaren führt.

Grob geschätzt: Das Coupé besaß einen Anteil von 8,5 % der Gesamt-Isabella-Produktion (GIP/ohne Combi). Die hochgerechnete Stückzahl für 1961: 7.400 GIP x 8,5 % = 630 Coupés. Das ergibt eine Gesamtmenge von ca. 9.760 Coupés = letzte Fahrgestellnr. #371 344[5].

3 Die Fahrgestellnummer wurde am Fertigungsband an fahrfähige Autos bei dem Einbau der Innenausstattung vergeben.
4 Dirk de Boer ist im Besitz eines Coupés mit obiger Fahrgestellnr. Vgl. u.a. Dirk de Boer, in Der Rhombus, 24.4.1988+28.1.1991.
5 Moritz Schwindling gibt im Rhombus (4/1990) als letzte Fahrgestellnr. #371 375 an, allerdings ohne Quellenangabe.

Coupé Frühjahr 1961 mit P 100-Radkappen.

Tabelle der mindestens produzierten Isabella Coupés aufgrund der Fahrgestell-Nummern.

Produkt. Coupé	Erste Fahrg.-Nr.	Letzte Fahrg.-Nr.	Stück/Jahr
1956	346.001	346.004	4
1957	346.005	347.119	1.115
1958	347.120	349.419	2.300
1958 (neue F-Nr.)	365.001	365.052	52
1959	365.053	367.674	2.622
1960	367.675	370.713	3.039
1961	370.714	>= 371.120	>= 407
		Minimale Stückzahl	9.539

Die Aerodynamik des Coupés

Einige Fahrzeuge ließ die Borgward GmbH im Forschungsinstitut für Kraftfahrwesen und Fahrzeugmotoren an der Technischen Hochschule Stuttgart aerodynamisch untersuchen. So auch im Januar 1960 die Isabella Limousine und das Coupé. Der c_w-Wert, der die „Windschnittigkeit", genauer die aerodynamische Güte der Karosserie, angibt, beträgt bei der Limousine 0,442 und beim Coupé 0,446. Am Gesamtwiderstand ist die Kühlluftdurchströmung mit 6 % beteiligt. Die Projektionsfläche (auch Querschnitts- oder Stirnfläche genannt) multipliziert mit dem cw-Wert gibt genaueren Aufschluss:

Limousine: $0{,}442 \times 1{,}85\,m^2 = 0{,}82\,m^2$

Coupé: $0{,}446 \times 1{,}707\,m^2 = 0{,}76\,m^2$

Das Coupé bietet also etwas weniger Luftwiderstand. Zum Vergleich die c_w-Werte anderer Fahrzeuge: BMW 700 0,53; Hansa 1800 0,45; Hansa 2400 0,35; DKW 1000 S 0,37; Ford 17 M „Barockengel" 0,54; Mercedes-Benz 190b 0,48; 300 SL Coupé 0,425. Die Werte sind nur bedingt vergleichbar, da die Messungen an Modellen, an 1:1-Fahrzeugen oder durch Ausrollversuche ermittelt wurden.

Das Coupé in der Messstrecke des Windkanals. Mit Hilfe von zahlreichen aufgeklebten Wollfäden wird der Strömungsverlauf sichtbar gemacht. Bei diesem Versuch beträgt der Anströmwinkel -20°. Das Institut maß neben dem c_w-Wert auch die Drücke im Fahrgast-, Kofferraum und am Einfüllstutzen des Tanks bei verschiedenen Fensteröffnungen sowie unter dem Einfluss der Heizung. Über das Verhalten bei Seitenwind gab eine 6-Komponenten-Messung Aufschluss. Die Werte entsprachen dem typischen Verlauf bei Fahrzeugen.

Das Isabella Cabriolet auf Coupé-Basis

1954 präsentierte das Karosseriewerk Karl Deutsch aus Köln das Isabella Cabriolet auf Limousinen-Basis. Das Fahrzeug gefiel Carl F. W. Borgward und wurde in das Verkaufsprogramm der Bremer aufgenommen. Das von Deutsch 1955 entwickelte Coupé (s. S. 26) floppte. Ebenso das von den Kölnern ab 1957 gebaute Cabrio auf Coupé-Basis. Es kam zwar sehr elegant daher, war aber mit 15.825 DM (Coupé 10.925 DM) viel zu teuer. So konnten nur 15 Exemplare produziert und an den Mann gebracht werden.

Links: Auf der IAA 1957 im September stellt Carl F. W. Borgward (neben der Fahrertür stehend) den Motorjournalisten das neue Cabriolet vor.
Rechts: Borgward Verkaufsprospekt vom September 1957.

Unten: Das Cabriolet, Modell 1959, in Köln am Rheinufer.

NEU: Goliath 1100

In den 50er-Jahren mehrten sich die Stimmen gegen den 2-Takt-Motor. Seine Nachteile (hoher Verbrauch, übel riechende Abgasfahne) hatten 1955 auch schon die ebenfalls zur Borgward-Gruppe gehörenden Lloyd Motoren Werke bewogen, einen 4-Takt-Motor für die 600er-Klasse zu verwenden. Das Goliath Werk folgte im Februar 1957 mit der 1100er-Limousine.

Der alte 2-Zylinder-2-Takt-Motor musste einem hochmodernen 4-Zylinder-4-Takt-Boxeraggregat mit einem Hubraum von 1,1 Liter und einer Leistung von 40 PS bei 4250 min^{-1} weichen. Pate stand der VW Käfer-Motor. Und zwar nicht nur aus technischer Sicht, sondern auch aus Werbegründen. Volkswagen hatte mit dem Käfer einen so bombastischen Erfolg, dass man auch deshalb den 4-Zylinder-Boxer-Motor favorisierte, in der Hoffnung etwas vom großen Erfolgskuchen abzubekommen.

Um nicht große Änderungen an der Karosserie vornehmen zu müssen, benötigte man ein Aggregat, das in den vorhandenen Motorraum des GP 700/900 passte. Der Motorraum war eng begrenzt, da er bis dato nur den querstehenden 2-Takt-Twin mit ebenfalls querliegendem Getriebe aufnehmen musste. Da bot sich kein Reihenmotor an, sondern nur ein Boxer-Motor, der aufgrund seiner Bauweise mit versetzten Zylindern eine kleine Länge aufweist. Tatsächlich ist der Goliath-4-Takter nur 415 mm lang und passte damit in den Motorraum vor die Vorderachse. Auch der Platz in der Breite war begrenzt, sodass man einen Kurzhuber konstruieren musste. Der Hub betrug 64 mm, die gesamte Baubreite des Motors 766 mm. Die Bohrung musste nun 74 mm betragen, um bei 4-Zylindern auf den geforderten Hubraum von 1.100 cm^3 zu kommen.

Beim Goliath 1100 verwendete man erstmals einen neuartigen Tank, der als doppelwandige Wanne ausgelegt war. Er bestand aus zwei tiefgezogenen Blechen, die in der Wanne das Reserverad aufnehmen und zwischen den Wänden den Kraftstoff bunkern. Diese Erfindung wurde im Februar 1957 vom Werk zum Patent angemeldet (Bekanntmachung am 10.7.1958).

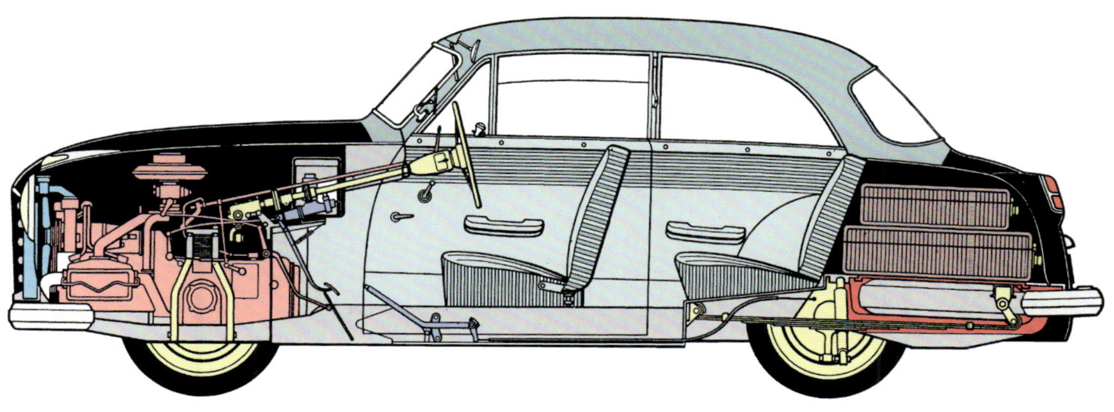

Der Boxer-Motor GM 1100 wurde beim GP 1100 und dem Nachfolgemodell Hansa 1100 eingesetzt. Der Motor besaß den Fallstrom- Solex 28 PCI, ab Motornr. 32.51.24300 (August 1959) den Flachstrom-Vergaser Zenith 32 KL-P 10. Beide Vergaser hatten sich nicht sonderlich bewährt, einige Fahrer rüsteten auf den von der Isabella und vom 55 PS-starken „Bruder"-Motor GM 1100 L bekannten Vergaser Solex 32 PICB um.

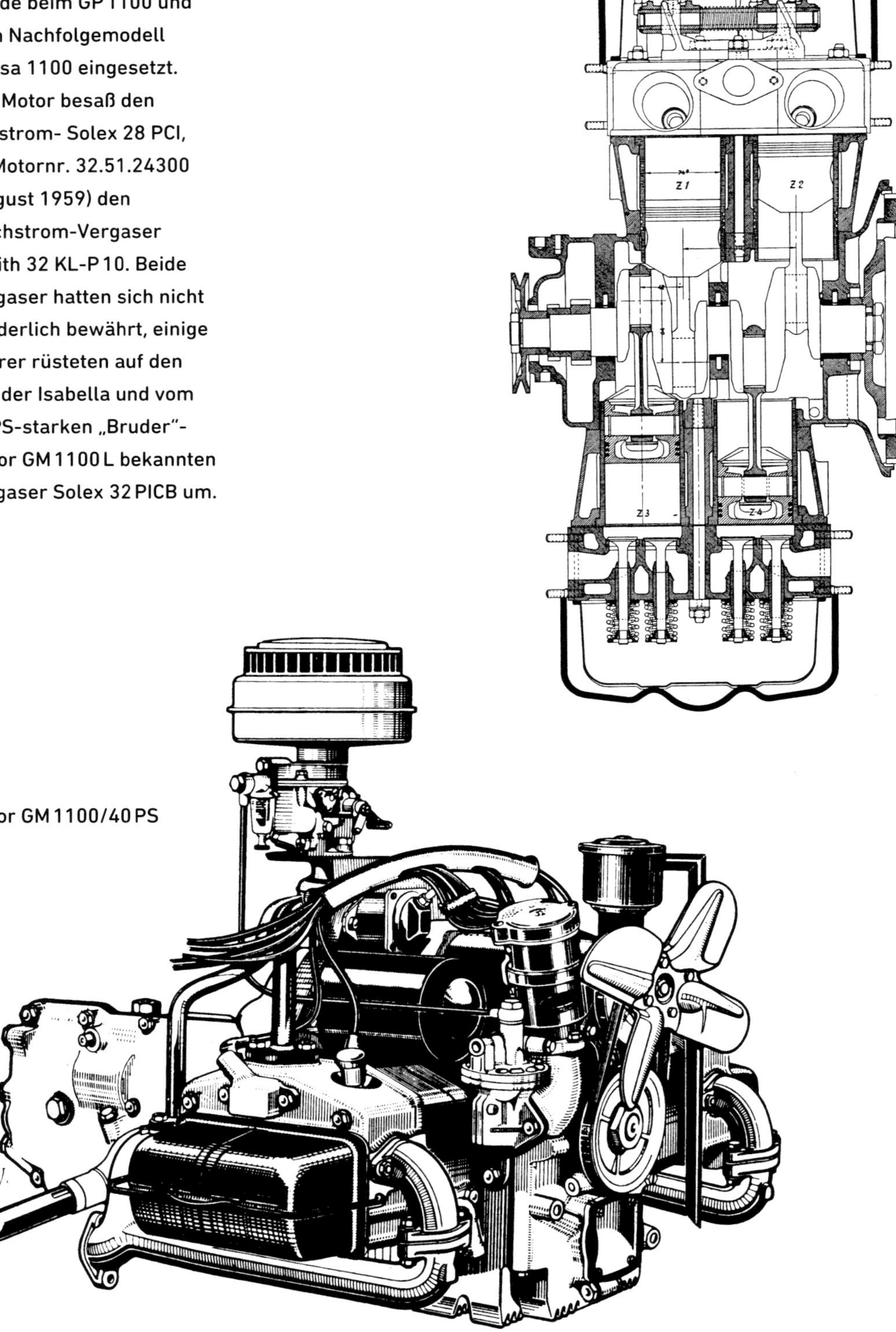

Motor GM 1100/40 PS

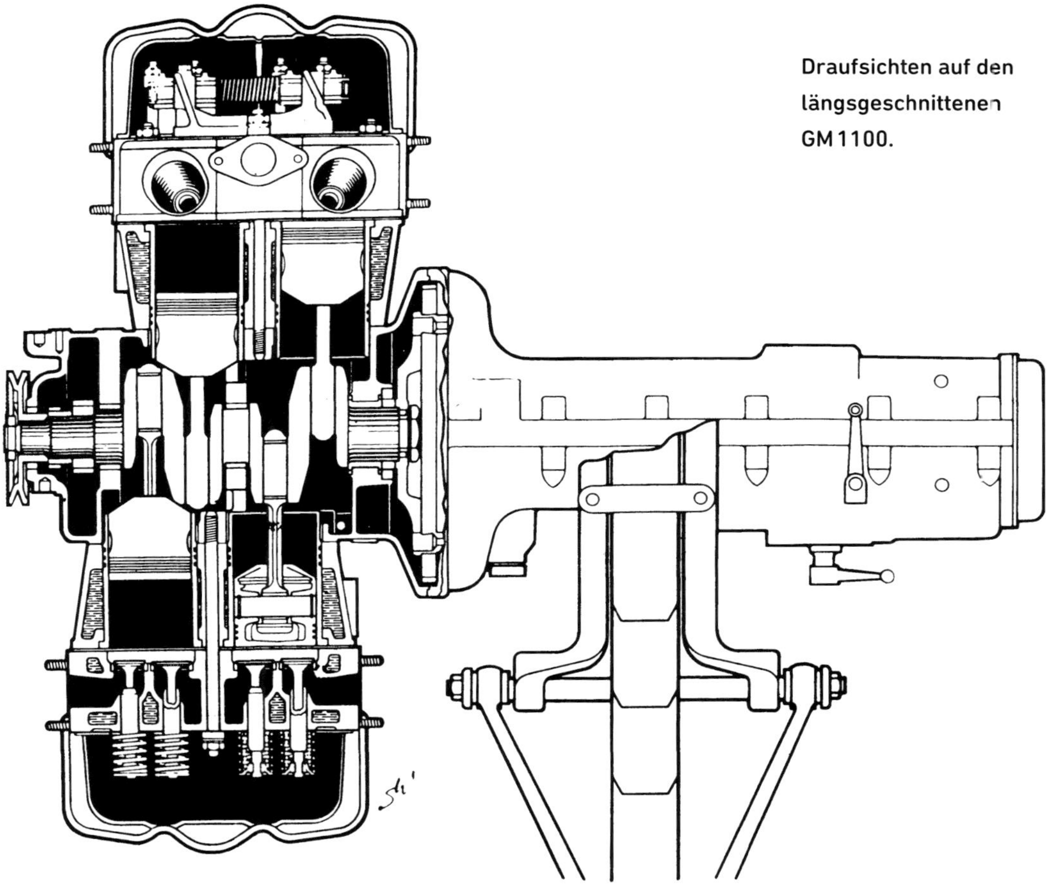

Draufsichten auf den längsgeschnittenen GM 1100.

Der kurzhubige Boxer-Motor hatte aber nicht nur den Vorteil der geringen Abmaße. Beim Kurzhuber (Hub-/Bohrungsverhältnis < 1) treten geringe Kolbengeschwindigkeiten auf. So lag der Goliath-Motor mit dem Verhältnis 0,86 bei einer mittleren Kolbengeschwindigkeit von 9,1 m/s am unteren Ende der Skala und versprach damit geringen Verschleiß. Die große Bohrung ermöglichte auch die Verwendung von Ventilen mit großen Tellern. So stand einer späteren Leistungssteigerung nichts im Wege, auch weil der Motor mit der geringen Literleistung von 36,3 PS/l noch genügend Potenzial bot.

Das im Gegensatz zum Käfer wassergekühlte und damit leisere Goliath-Triebwerk war insgesamt äußerst gut gelungen. Journalisten und Tester schwärmten vom „laufruhigen und elastischen Triebwerk". Nachteilig wirkte sich der erhöhte Fertigungsaufwand bei Boxer-Motoren auf den Gewinn der Goliath Werk GmbH aus.

Die im Großen und Ganzen vom 700/900 beibehaltene Karosserie hatte man durch einen größeren und schöneren Kühlergrill auf-

Goliath-Chefkonstrukteur Martin „Flock" Fleischer (1907-1969).

Goliath 1100 Kombi.

gewertet, sodass man die neuen 4-Takter-PKW gut von vorn von den alten Typen unterscheiden konnte. Ab Mai 1957 stellte das Werk eine Kombi-Version dem bisherigen Verkaufsprogramm bestehend aus Limousine und Cabrio-Limousine zur Seite. Im Juli ergänzten die Bremer mit einer Luxus-Variante das Sortiment. Der Motor besaß nun eine 2-Vergaser-Anlage (2 x Solex 32 PICB) und brachte es mit einer erhöhten Verdichtung (7,9 : 1 statt 7,3 : 1) sowie vergrößertem Einlassventil (36 mm statt 35 mm) auf 55 PS bei 5000 min^{-1}. Der mittlere Arbeitsdruck wird mit 9,65 kg/cm^2 angegeben. Errechnet man aufgrund dieser Werksangaben und dem tatsächlichen Hubraum von 1101 cm^3 (Steuer-Hubraum 1093 cm^3) die Leistung, so kommt man auf 59 PS.[1] Interessant ist das maximale Drehmoment, welches beim 40 PS-Triebwerk 82 Nm und beim 55

1 Welche der Werksangaben nicht den tatsächlichen Werten entspricht ist unklar. Das kommt bei den technischen Daten in der Borgward-Gruppe häufiger vor.

Goliath 1100 Coupé.

PS-Aggregat fast gleich ist, nämlich 84 Nm. Aber das Maximum erreicht die 40 PS-Maschine schon bei 2750 min^{-1} und die Luxus-Variante erst bei 4000 min^{-1}. Die Luxus-Limousine unterschied sich weiterhin hauptsächlich durch eine 2-Farben-Lackierung und ein cremefarbenes Armaturenbrett.

Im September zur IAA kam das Coupé heraus, das auch mit dem 55 PS-Motor ausgerüstet war.

Trotz gestiegener Verkaufszahlen fuhr Goliath 1957 einen Verlust von 3,5 Mio. DM ein. Das durch die Lasten-Dreiräder und den 2-Takt-Motor geprägte Goliath-Image wirkte sich negativ auf den PKW-Verkauf aus. So kamen die Hastedter auf die Idee, den ab Sommer 1958 produzierten Nachfolger des Goliath 1100 als „Hansa" 1100 zu bezeichnen. Dieser Name bezog sich auf Borgwards Vorkriegsmodelle und den Hansa 1500/1800, die noch einen guten Ruf genossen.

Goliath 1100 in den Ausführungen Limousine, Coupé und Kombinationskraftwagen.

BH-D 999

NEU: Borgward B 1500 F

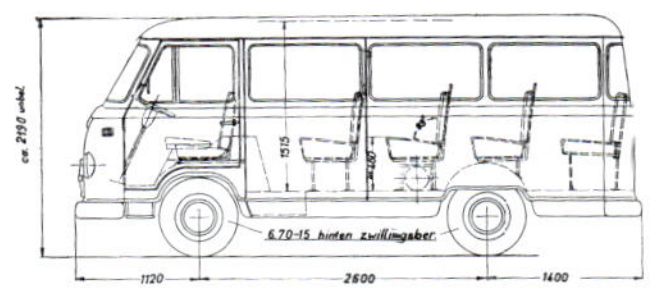

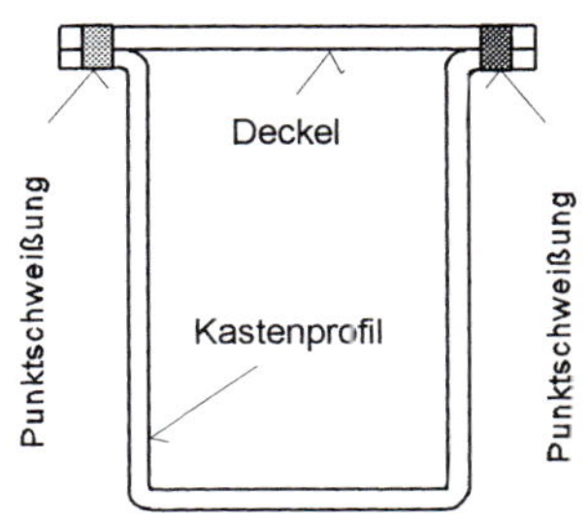

Die Frontlenker-Bauweise bei Automobilen besitzt die Vorteile, dass das Fahrzeug gegenüber herkömmlichen Wagen mit dem „three-box-design" eine geringere Grundfläche beansprucht oder bei gleicher Fläche mehr Raum für Personen oder Lasten bietet. Diese Bauform verzichtet auf den mit einer Haube abgedeckten Motorraum. Der Motor ist bei ihr zwischen oder unter den Insassen angeordnet.

In den 30er-Jahren tauchten vereinzelt und Mitte der 50er-Jahre vermehrt Lastkraft- (Henschel T-Reihe) und Lieferwagen (Ford FK, Goliath Express, VW Bulli) in Frontlenker-Bauform auf. Im PKW-Bereich blieb es bei Ausnahmen (Fiat Multipla).

Auf der IAA 1955 stellte Mercedes-Benz den Leichtlaster L 319 (Nutzlast 1,8 t) vor, der im Volksmund Karpfen genannt wurde. Der Käufer hatte die Wahl, diesen Frontlenker mit 43-PS-Diesel- oder 65-PS-Otto-Motor zu ordern.

Borgward beauftragte daraufhin Dipl.-Ing. Adolf Grimm, den Leiter des LKW-Konstruktionsbüros, mit der Entwicklung eines Frontlenker-leicht-LKW. Es war gut, dieses Projekt in der Hinterhand zu haben, da ein Jahr später der Verkauf des in derselben Nutzlastklasse angesiedelten Hauben-Leicht-LKWs B 1500 (Bezeichnung ab 1959 B 511, Spitzname „Alligator") drastisch bergab ging.

Der in der Entwicklung befindliche LKW sollte ein Frontlenker werden unter Beibehaltung des Diesel- bzw. Otto-Motors (Isabella-Maschine), des Getriebes und der Hinterachse des „Alligators". Um ein günstiges Nutzlast/Fahrzeuggewichtsverhältnis zu erreichen, entstand kein herkömmlicher Fahrgestell-Leiterrahmen aus

Linke Seite: Serien-B11-Omnibus.

Mitte: Schnittzeichnung des Rahmenprofils.

links: Fahrwerk der Kastenwagen und der Busse.

B 611 als direkt vom Werk lieferbarer elektrohydraulischer Dreiseiten-Kipper.

Fahrwerk des Pritschenwagens. Die Holme waren ebenfalls punktgeschweißte Blechprofile.

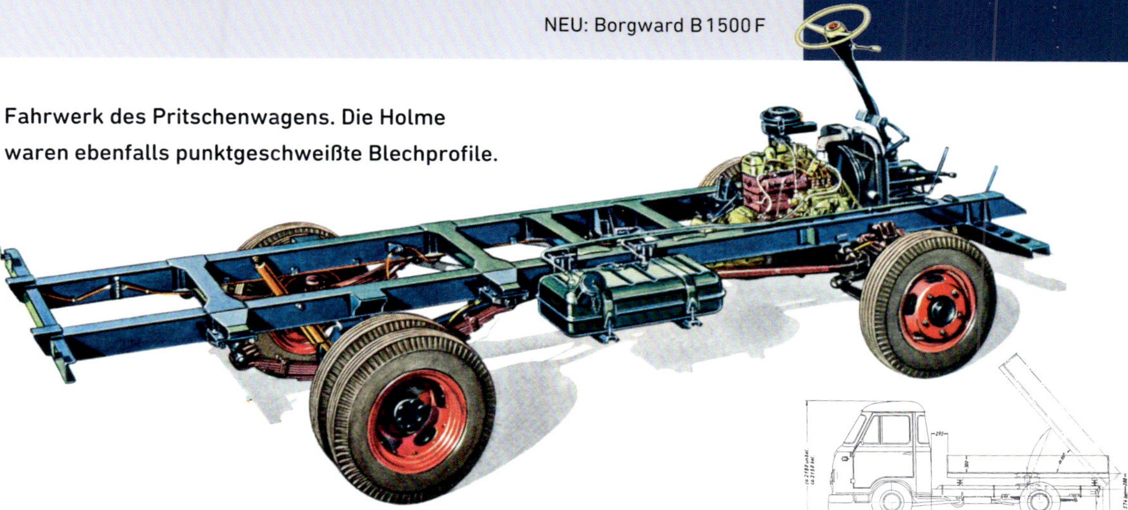

Prototyp des B 611-Bus, erkennbar an der unlackierten Alu-Karosserie, am fehlenden hinteren Radausschnitt, den wuchtigen Scheinwerferhalterungen und den nicht seriennahen Blinkleuchten unter der Frontscheibe direkt am Wulst.

Dauertestfahrten mit einem Vorserien-Pritschen-Fahrzeug im Juli und August 1957 auf dem Nürburgring. (Prototypen und Vorserien-Fahrzeuge hatten keinen hinteren Radausschnitt). Dieser Pritschenwagen besaß das Fahrgestell des Kastenwagens und ging nicht in Serie.

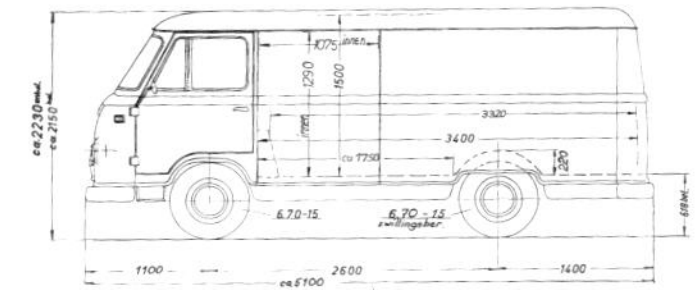

Stahlprofilen, sondern ein Leichtbau-Rahmen aus geschweißten Blechprofilen. Dieser Rahmen bestand aus zwei längsangeordneten Hauptträgern sowie fünf Querträgern, die die gesamte Breite des Fahrzeugs einnahmen und an ihren Enden wiederum durch kleinere Längsträger verbunden waren. So entstand eine Plattform, die sich bestens für verschiedene Spezialaufbauten eignete. Bei der später angebotenen Pritschen-Variante verzichtete man auf den Querrahmen.

Eine weitere Besonderheit des offiziell B 1500 F (F = Frontlenker, Bezeichnung ab 1959 B 611) genannten Lastwagens war die vordere Einzelradaufhängung, die einen geringen Wendekreis (10,8 m) und eine PKW-ähnliche Straßenlage bot. Vorderachse mit großem

Oben links: Seitenansicht Kastenwagen

Rechts: Für die Serie entstand ein Stahl-Pritschenwagen auf dem Fahrgestell des normalen Pritschenwagens.

Unten: Vordere Radaufhängung.

Rechte Seite: Kastenwagen der Vorserie.

REIS-u. HAND IS-A.G.
AH-01 777

Radeinschlag, kurze Baulänge (5200 mm) und der Radstand von nur 2600 mm machten aus dem B 1500 F einen wendigen Transporter, der auch noch reichlich agil war, wenn man ihn mit dem 60-PS-Otto-Motor aus dem PKW Isabella bestellt hatte (Höchstgeschwindigkeit 95 km/h).

Motor, Kupplung, Getriebe und Kühler lagerte man mit der Vorderachse, den Rädern und der Federung auf einem Hilfsrahmen. Durch das Lösen von nur vier Schrauben konnte diese Einheit schnell vom Wagen getrennt und repariert werden. Einen Rationalisierungseffekt in der Fertigung brachte auch die Fahrerhausrückwand des Pritschenwagens, die ohne Änderung beim Bus als Fahrzeugrückwand diente und in abgewandelter Form beim Kastenwagen verwendet wurde.

Um die Jahreswende 1956/57 entstand ein Bus-Prototyp. Dieser

Oben: Hochpritschen-Ausführung.
Mitte: Tiefpritsche.
Unten: Feuerlöschfahrzeug LF 8.

Wagen besaß unästhetisch weit aus der Front herausragende Scheinwerfer. Den Wagen setzte das Werk später als „Service School"-Fahrzeug in der Händlerschulung im europäischen Ausland ein.

Im Mai 1957 begannen die ersten Fahr-Versuche mit dem zweiten Prototyp, einem Fahrgestell mit aufgesetztem Fahrerhaus. Dauerfahrversuche erfolgten auf dem Nürburgring vom 27. Juli bis 2. August 1957 mit dem dritten Prototyp[1], einem seitlich verkleideten Pritschenwagen mit dem Rahmen des Kastenwagens. Vom 8. August bis 23. August 1957 fuhren die Borgward-Testfahrer erneut auf dem Nürburgring. Diesmal mit dem vierten Prototyp, einem Bus, der schon wie die späteren Serienfahrzeuge aussah.

Die Aufbauten der Pro-

1 Alle Prototypen und Vorserien-Fahrzeuge erkennt man an den fehlenden hinteren Radauschnitten

Oben: Krankenwagen
Mitte: Wohnmobil von Hymer.
Unten: Rollende Sparkasse von Thiele.

totypen bestanden aus Aluminium-Blech und sind per Hand gedengelt worden. Es gab nämlich noch keine Presswerkzeuge für die Karosseriebleche, da das endgültige Aussehen der Wagen noch nicht festgelegt war. Man verwendete Aluminium, dass sich wesentlich einfacher per Hand bearbeiten lässt als Stahlblech. Die Serienfahrzeuge besaßen Stahl-Blech-Aufbauten.

Das Werk lieferte vom 611er folgende Ausführungen:

- Hoch- und Tiefpritsche (auch mit Doppelkabine)
- Kipper (mit Teha- oder Meiller-Kippvorrichtung)
- Kastenwagen (auch mit Doka)
- Busse (15 feste Sitze + 2 Notsitze)
- Kombis (vollverglast, 4 herausnehmbare Sitze + 1 Notsitz)
- Pritschen-, Kastenwagen- und Sattelschlepperfahrgestelle

Zahlreiche Spezialfahrzeuge lieferten externe Karosseriehersteller. Die Serienproduktion des Benziners lief im November 1957 an (1957: 38 Benziner + 1 Diesel). 1958 produzierte Borgward 2.323, 1959 schon 3.059, 1960 5.937, 1961, durch die schlechte Lage der Firma, nur 2.681 Einheiten. Dazu kamen noch 709 Omnibusse.

Der B 611 ist in technischer und formaler Hinsicht eine sehr gelungene Konstruktion, die nicht nur von den Käufern, sondern auch von den Fachjournalisten sehr positiv aufgenommen wurde.

Spezial-Pritschenwagen für den Transport von Getränkeflaschen in Kisten.

Prototyp: Lloyd Sport-Coupé

Eine Geschichte mit ungeklärten Sachverhalten

Im Oktober 1957 erschien im Wistü Kraftfahrzeug Anzeiger ein Bericht über einen Lloyd 600 mit Kunststoff-Karosserie. Das Foto zeigte ein 2/2sitziges Coupé, das Ähnlichkeit mit der zwei jahre später erscheinenden Arabella aufwies.

Ideengeber und Produzent

Der Leiter der Halbketten-Fahrzeugproduktion im Hastedter Borgward-Werk während der Kriegszeit war Werner Bach (*1915). Der Ingenieur kam nach dem Krieg als Technischer Direktor zur Nordwestdeutsche Fahrzeugbau GmbH (NWF) in Wilhelmshaven. Dort hatte man schon 1948 100 Busse gefertigt und an Ford geliefert. 1949 stieg Krauss-Maffei (München) ein, sodass Kapital für Investitionen zur Verfügung stand. Prof. Henrich Focke[1] (1890-1979), Gründer der Focke-Wulf Flugzeugbau AG und Erbauer des ersten Hubschraubers (1936), konstruierte 1950 als freier Mitarbeiter für NWF einen Stromlinienbus, der auf der IAA 1951 präsentiert wurde.

Selbsttragender Omnibus, 1950 entwickelt von dem Bremer Henrich Focke für die NWF GmbH in Wilhelmshaven.

1 Focke entwickelte ab 1956 für Carl F. W. Borgward den Helikopter „Kolibri“

1:1-Modell, vermutlich in der alten Versuchsabteilung (Halle 2) im Lloyd Werk.

Focke, dessen Stromlinienbus im Prinzip auf einem Flugzeugrumpf basierte, forderte zwei Ingenieure für Konstruktion und Berechnung an. So stieß der 28jährige Ingenieur Ulrich Kaiser zum NWF. Kaiser war während des Krieges bei Erich Bachem (1906-1960) beschäftigt und arbeitete dort an der Entwicklung des ersten bemannten Raketenflugzeugs, der Ba 349 „Natter". Bachem wurde später durch seine EriBa-Wohnanhänger bekannt.

NWF produzierte neben den Bussen und dem SchiStra-Bus auch das Fuldamobil, von dem annähernd 700 Fahrzeuge in Wilhelmshaven gebaut wurden. Dieser Kleinwagen brachte nur Probleme mit sich und führte zum Konkurs des NWF im Dezember 1955.

Noch im selben Monat gründeten Bach und Kaiser ein Ingenieurbüro und stellten sechs ehemalige Kollegen des NWF ein. Man konstruierte für Krauss-Maffei einen Leichtbus, der auf dem NWF-Focke-Bus basierte.

Der Produktionsfachmann Werner Bach sah nach diesem Auftrag keine Aufgabe mehr für sich im gemeinsamen Ingenieurbüro und nahm den Posten des Direktors eines Klöckner-Humboldt-Deutz-Werks an. Später leitete Bach das Mercedes-Benz-Werk, ehemals Auto Union-Werk, in Düsseldorf.

Lloyd-Coupé im Bayer-Werk in Krefeld-Uerdingen.

Drei Coupés aus Wilhelmshaven

Kaiser, der Erfahrungen mit Kunststoffen hatte, kam auf die Idee, für Lloyd ein sportliches Coupé zu entwickeln. Bei einem Gespräch im Lloyd-Werk in Bremen erklärte er dem Kaufmännischen Direktor Willy Tegtmeier (1911-1999) seine Idee. Da Kaisers Coupé zwar das Fahrwerk des Alexanders verwendete aber extern gefertigt werden sollte, würde das Projekt auch nicht die Massenproduktion bei Lloyd stören. So setzte sich Tegtmeier für das Coupé bei Carl F. W. Borgward ein. Kurze Zeit später erschien Kaiser erneut im Werk. Er stellte Carl F. W. Borgward ein 1:10-Plastilin-Modell vor und brachte einen Kostenvoranschlag sowie andere Berechnungen mit. Einerseits lehnte Borgward die Form ab und bemängelte die fehlenden Heckflossen, andererseits wollte der Firmenchef ein Lloyd-Coupé haben. So stellte Borgward seinen Designer Roberto Hernandez (Spitzname Don Roberto, *1926) Ulrich Kaiser zur Seite. Hernandez überarbeitete den Entwurf, der allerdings nicht „kunststoffgerecht" war. Formen konnten zwar gefertigt werden, aber mit erheblichem Mehraufwand.

Borgward-Designer Roberto Hernandez (1926).

Das neue 1:10-Modell überzeugte Carl F. W. Borgward, der zur Verblüffung von Kaiser nun nicht eine 1:1-Attrappe, sondern gleich drei Prototypen bestellte.

Es entstand ein mit Fliegengitter überzogenes Holzskelett, auf das man mehrere Schichten Gips auftrug. Aus dem so entstandenen Körper arbeitete man schleifend die genaue Form der Karosserie heraus. Nach der Lackierung wurde Trennlack auf diese 1:1-Karos-

1:1-Modell.

serie aufgetragen. Nun konnte man die einzelnen negativen Teilformen aus glasfaserverstärktem Polyester (GFK) von dem 1:1-Modell abnehmen, in denen später die Karosserieteile entstehen sollten. Kaiser hatte die Formen so fest erstellt, dass sie nicht nur für die drei Prototypen, sondern auch noch für die 0-Serie hätten benutzt werden können.

Kaiser fertigte von den Negativformen drei Satz Karosserieteile in seiner Werkstatt in Wilhelmshaven, Goethestraße, und baute zunächst einen Prototyp mit dem von Lloyd angelieferten Fahrwerk.[2] Zusammen mit Hernandez bestellte und montierte Kaiser die Anbauteile sowie den Chromzierrat.

So präsentierten die beiden das Coupé Carl F. W. Borgward und seinen Söhnen Peter und Claus im Lloyd Werk. Der Technische Direktor von Lloyd, Dipl.-Ing. Hans Krämer (1911-2001), erklärte, dass für die Serienproduktion insbesondere der Kunststoff-Karosserie keine Kapazitäten vorhanden wären. Es fehlten Fachleute und zwei weitere Hallen für die Produktion. Borgwards Kommentar zu Kaiser: „Dann müssen sie ihn eben fertigen. Ich bestelle hiermit 200 Wagen."[3] Kaiser sagte zu, baute die zwei weiteren Prototypen und lieferte sie an Lloyd. In der Folge gelang es Kaiser nicht, Karosseriefirmen für die 200-Stück-Serie zu finden. Er vermutete

2 Kaiser, Ulrich: Schreiben an den Autor vom 19.1.2010.
3 Kaiser, Ulrich: Fahrzeugbau in Wilhelmshaven, Wilhelmshaven 2010.

Lloyd-Coupé im Bayer-Werk in Krefeld-Uerdingen.

im Nachhinein, dass die Karosseriebauer von der finanziellen Lage Borgwards nicht überzeugt waren.[4] So verlief das Projekt im Sande.

Zwei Coupé-Karosserien aus Uerdingen

Der Mitarbeiter des Technikums der Bayer AG in Krefeld-Uerdingen, Siegfried Seltmann, berichtete, dass zwei Karosserien vermutlich zwischen April und Juni 1957 bei Bayer hergestellt worden sind.[5] Ein Holzmodell im Maßstab 1 : 1 lieferten die Wilhelmshavener an. Vom Holzmodell zog man bei Bayer 12 Negativ-Einzelformen und produzierte je zwei Teile, sodass Einzelteile für zwei Karosserien entstanden. Seltmann führte weiter aus[6]: „Die Firma Bach & Kaiser baute diese Teile auf ein Chassis und stellte das fertige Fahrzeug in Uerdingen vor. Dabei sind die vorhandenen Bilder entstanden.[7] Die Aufnahmen wurden im Werksgelände der Firma Bayer-Uerdingen gemacht." Den zweiten Satz Karosserieteile färbte man mit Chromoxyd und Titanweiß ein, was in der Mischung ein Lindgrün ergab.

4 Diese Vermutung ist äußerst unwahrscheinlich, da es zu dem Zeitpunkt der Borgward-Gruppe und insbesondere der Firma Lloyd finanziell recht gut ging, zumal auch in der zweiten Hälfte der 50er-Jahre etliche Karosserie- (Karmann Osnabrück: Blechteilfertigung) und Aufbaufirmen (z.B. Ackermann, Rathgeber, Voll) für Borgward arbeiteten.
5 Seltmann, Siegfried: Schreiben an den Autor, 13.1.2010.
6 ebd.
7 Gemeint sind die abgebildeten Fotos, die das Fahrzeug mit dem roten Kennzeichen WHV-0424 zeigen.

1:1-Modell.

Lloyd-Coupé im Bayer-Werk in Krefeld-Uerdingen.

1:1-Modell im Lloyd Werk.

Wieviele Fahrzeuge wurden gebaut?

Im Schlussbericht der Lloyd-Versuchsabteilung „Betrifft: Aufbau Don Roberto - Unterstützung der Firma Bach & Kaiser in der Herstellung eines Musterwagens"[8] werden zwei Musterwagen erwähnt. Diese Quelle ist insofern hilfreich, als mindestens zwei Exemplare entstanden. Nun gibt es drei Möglichkeiten, die nicht auszuschließen sind:

1. Kaiser berichtet von drei Fahrzeugen, Bayer Uerdingen von zwei Prototypen; also insgesamt fünf Wagen.
2. Eventuell sind aber auch nur die drei von Borgward geforderten Musterwagen gefertigt worden: Der erste Formensatz entstand in Wilhelmshaven und zwei Sätze in Krefeld-Uerdingen.
3. Theoretisch möglich, aber unwahrscheinlich: Es sind mehr als fünf Fahrzeuge gebaut worden.

Auf den Fotos sind zwei unterschiedliche Fahrzeuge zu sehen:

1. Coupé mit einer Kühlermaske aus Blech mit gestanzten Langlöchern.[9] Das Foto zeigt Musterwagen I während des „Dauerschicht-

8 Lloyd Motoren Werke GmbH-Versuchsabteilung, Versuchsbericht „Aufbau Don Roberto", Nr. A/156 vom 10.11.1958

9 Foto aus Michels, Peter: Borgward PKW, Seite 137 oben, Brilon 1996

1:1-Modell.

Coupé I: Kühlergrill mit gestanzten Langlöchern.

Coupé II vor der Borgward-Villa in Bremen-Horn. Wagen von Claus Borgward.

1:1-Modell.

fahrbetriebs" oder Musterwagen III.

2. Coupé (vermutlich Musterwagen II) mit rotem Kennzeichen WHV-0424, fotografiert bei der Bayer AG, und mit Kennzeichen HB-CZ 888, abgelichtet vor der Borgward-Villa in Horn (Wagen von Claus Borgward). Das Fahrzeug auf dem Bild vor der Villa war mit geraden Chrom-Stoßstangen ausgerüstet, die vermutlich nach dem im Versuchsbericht angeführten Umbau durch die Lloyd-Versuchsabteilung montiert worden sind.

1:1-Modell

Es existiert ein Satz Fotos, der ein exaktes 1:1-Modell zeigt, das sich nur schwerlich in den Zusammenhang bringen lässt. Es handelt sich nicht um ein Urmodell mit einem Messraster, sondern um ein lackiertes und mit allen Anbauteilen versehenes Sichtmodell.

Auch hier sind drei Möglichkeiten denkbar:

1. Eventuell ist es ein Form-Modell, von dem man die Negativ-Formen abzog, bevor sie mit Überhängen

für die Befestigungen versehen wurden. So ist Seltmann (Bayer AG) der Meinung, dass das abgebildete Modell mit Sicherheit das Holzmodell aus Wilhelmshaven sei.[10] Doch weshalb versieht man das Modell mit Anbauteilen (Sichtmodell), wenn zu dem Zeitpunkt schon der erste Musterwagen der Wilhelmshavener existiert bzw. bald ausgeliefert worden wäre.

2. Bach & Kaiser stellten das Modell nicht her, wie Ulrich Kaiser versicherte, und „als Borgward den ersten Wagen besichtigte, gab es kein 1 : 1-Modell." Kaiser erklärt sich das Vorhandensein dadurch, „dass die Lloyd Direktion sich dann doch darauf einstellte, den Wagen zu fertigen".[11] Doch auch hier galt, weshalb ein Sichtmodell, wenn ein Musterwagen fertig ist.

3. Es ist aber auch möglich, dass Designer Roberto Hernandez die Attrappe ohne Wissen von Kaiser vorab baute, um die Wirkung des Fahrzeugs zu testen, um Carl F. W. Borgward den Entwurf zu präsentieren und um Borgwards Okay zu erhalten.

Kaiser vermutet, dass die Überstellung eines Prototyps nach Uerdingen durch Lloyd geschah, um diesen Wagen zu kopieren. Durchaus denkbar, dass Lloyd eine Eigenfertigung genauer prüfte. Hier

10 Seltmann, a.a.O.
11 Kaiser, a.a.O.

Lloyd-Coupé im Bayer-Werk in Krefeld-Uerdingen.

widerspricht allerdings Seltmann durch die Behauptung, dass Bach & Kaiser das fertige Fahrzeug in Uerdingen vorstellten und nicht die Bremer. Auch das Wilhelmshavener Kennzeichen des Wagens in Uerdingen spricht nicht für Lloyd, sondern eher für Bach & Kaiser.

Da diese Vorgänge fast 60 Jahre her sind, lässt sich der Sachverhalt nicht mehr restlos aufklären, zumal Ulrich Kaiser keine „zeitlichen Aufzeichnungen" mehr besitzt und die Unterlagen des Bayer Technikums 1990 vernichtet wurden. So bleibt die Frage der Anzahl der Prototypen und die Funktion des Sichtmodells letztlich unklar.

Was bewirkte das Lloyd-Kunststoff-Coupé?

Nach den Versuchen von Borgward mit dem Kunststoff-Roadster hatte Lloyd „Nachholbedarf". Man wusste nicht, ob sich der neue Werkstoff „Kunststoff" bei Lloyd einsetzen ließ. Da kam die Idee von Ulrich Kaiser gerade recht. So konnten die Lloyd-Techniker mit dem in der Autoindustrie recht neuen Material Erfahrungen sammeln.

Die Dauerfahr-Versuche mit Wagen I (13.000 km) fielen negativ aus. Der Schlussbericht der Versuchsabteilung[12] beschreibt das recht drastisch: „Die Polyester-Karosse von Bach & Kaiser hat sich nicht bewährt. Das Fahrzeug mußte nach 13 000 km Dauererprobung wegen ‚schrottreifer' Karosserie aus dem Betrieb genommen werden. Folgende Schäden sind aufgetreten:

a) Verbindungsstellen Kunstharz zu Kunstharz losgerissen.

b) Kunststoff an allen beweglichen Berührungsstellen zum Chassis durchgerieben und verschlissen.

c) Türen undicht; Schließspalt zwischen Tür und Pfosten wurde so groß, daß die Türschlösser während der Fahrt aufsprangen.

d) Kofferraum- und Motorraumdeckel an den Scharnieren verschlissen und zum Teil zerstört.

e) Front- und Heckscheibe undicht. Windschutzscheibe paßte schon bei Anlieferung des Wagens nicht.

f) Türaußenhaut von Innenschale losgerissen.

Nach dem beim Umbau des Wagens II für Herrn Claus Borgward festgestellten ‚Pfuscharbeiten' ..., ist die VA der Ansicht, daß diese Firma in keiner Weise unseren Anforderungen in Bezug auf Verarbeitung der Polyester-Karosserie gerecht geworden ist. Ein allgemein gültiges Urteil über die Bewährung von Kunststoffkarossen kann aus diesem Grunde nicht gegeben werden."

12 Lloyd Motoren Werke GmbH-Versuchsabteilung: a. a. O.

Entwicklungen: Borgward Kampfwagen 1957

Im Mai 1955 nahm die NATO, das Militärbündnis der westlichen Welt, die Bundesrepublik Deutschland als Mitglied auf. Den Bedarf der gerade gegründeten Bundeswehr an Radfahrzeugen deckte die deutsche Industrie ab. Anders sah es bei den Panzern aus. Hier schlossen die Deutschen die Lücke von annähernd 3.000 Kampfpanzern (KPz) mit dem Kauf der US-amerikanischen Typen M47 „General Patton" (Auslieferung von 1.120 Einheiten ab Januar 1956 an die Bundeswehr) und M48 (Lieferung von 1.492 KPz zwischen 1957 und 1963.

Die amerikanischen Panzer erfüllten aber nicht die Vorstellungen der deutschen Militärs. Sie waren zu schwer und zu groß. Im November 1956 gab deshalb der Führungsstab des Heeres seine konkreten militärischen Forderungen an einen 30-t-Standardpanzer bekannt, wobei die Beweglichkeit des Kampfwagens eine höhere Priorität besaß als der Schutz der Besatzung.

So begann die Abteilung „Sonderentwicklung" unter der Leitung von Dipl.-Ing. Erich Übelacker im Werk Sebaldsbrück mit dem Entwurf eines ungewöhnlichen KPz, dessen Aufbau gemäß der Forderung Beweglickeit vor Schutz aus Leichtmetall bestand. Das Konzept sah den Antrieb durch mehrere Motoren vor, und die Federung sollte hydropneumatisch erfolgen. Die Konstruktion war dem Technikstand des Panzerbaus um Jahre voraus.[1] Die Erpro-

1 Ab 1950 stellte die französische Armee annähernd 1.200 Stück des 8-Rad-Spähpanzer Panhard EBR in Dienst, dessen zwei mittleren Achsen hydropneumatisch absenkbar und gefedert waren. 1955 experimentierten auch die US-Amerikaner mit einem Hydrauliksystem im Fahrwerk. Doch der als T95 bezeichnete KPz kam aus dem Prototypen-Stadium nicht heraus.

Modell des Borgward-Panzers im Maßstab 1:10. Das ca. 20 kg wiegende Modell besteht aus Alu-Guss, die Laufräder federn ein, und die Ketten sind aus zig einzelnen Gliedern zusammengesetzt. Der Miniatur-Panzer entstand vermutlich in der Borgward-Abteilung „Musterbau". Diese Abteilung, Leitung Obering. Fritz Hattesohl, baute nur die von der „Sonderentwicklung" konstruierten Aggregate und testete sie durch. Maschinell war diese Abteilung hervorragend ausgestattet.

bung der neuen Techniken hätte viel Geld erfordert und einen enormen Zeitaufwand verursacht. Deshalb wollte die Bundeswehr auf konventionelle, bewährte Technik zurückgreifen und gab dem Borgward-Projekt keine Chance auf Verwirklichung. Übelackers Argument überzeugte niemanden, dass im II. Weltkrieg nicht die komplizierten Systeme, wie beispielsweise eine Einspritzpumpe, versagten, sondern die technisch einfachen Laufketten kaputt gingen und die Panzer lahm legten.

Doch mit dem Konzept des Panzers hatte die Borgward-Abteilung „Sonderentwicklung" unter ihrem kreativen Chef Übelacker bei den Militärs einen „Fuß in der Tür" und konnte zwei Jahre später als „Planungsgruppe C" bei der Planung des 30-t-Standard-Panzers (Leopard) mitwirken. Nach dem Konkurs 1961 wurde Übelackers Abteilung nahtlos von Rheinstahl-Hanomag übernommen. Die Techniker arbeiteten weiter an den Projekten „Fahrwerk mit hydropneumatischer Federung", „Panzermotor mit 22-l-Hubraum" und „stabilisierter Geschützturm". Diese Arbeiten flossen in den Leopard-Prototyp der Planungsgruppe B „neuartige Komponenten" (Rheinstahl-Hanomag, Ruhrstahl, Henschel) und in den Kampfpanzer 70 ein.

Modell des Panzers.

Zurück zum Panzer 1957. Vier 6-Zylinder-Otto-Motoren (vermutlich jeder um 300 PS) trieben den Kampfwagen an. Dahinter steckte Überackers Idee von einem Einheitsmotor für die Bundeswehr, um die Wartung, Reparatur, Herstellung und den Nachschub zu vereinfachen. Mit einer jeweils entsprechenden Anzahl von Motoren wollte er schwere Transportfahrzeuge, leichte, mittlere und schwere Panzer sowie Späh- und Schützenpanzer ausrüsten. Übelacker war auch ein Verfechter des Leichtbaus. Normteile verwendete er äußerst sparsam, konstruierte lieber alles selbst und eben auch leichter. Eines Tages zeigte er auf eine M6-Schraube und rief laut durch das Konstruktionsbüro „Panzerkreuzer Bismarck!" Seine Berechnungen hatten auch ergeben, dass mehrere kleine Motoren ein größeres Leistungsgewicht erzielen. Die Bundeswehr forderte mindestens 30 PS pro Tonne, er strebte einen Wert von 50 PS/t an, um gute Beweglichkeit zu erhalten.

Dipl.-Ing. Erich Übelacker (1899-1977).

Das Federungssystem

Kurz nach dem Erscheinen des Citroën DS im Winter 1955/56 kaufte Borgward diese französische Limousine mit ihrem zentralen

Deutlich ist die Einbaulage der 4 Otto-Boxermotoren zu erkennen.

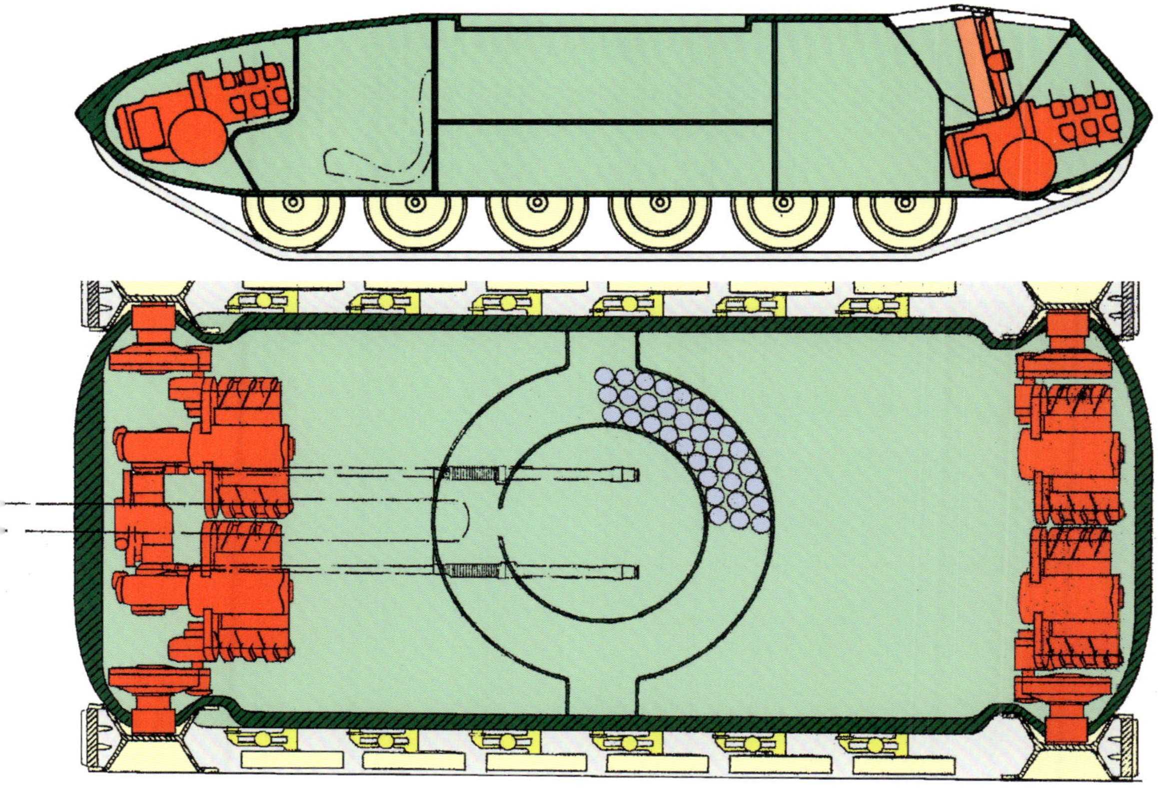

Hydrauliksystem für Schaltung, Bremsen, Lenkung und Federung. Die Versuchsabteilung zerlegte das Fahrzeug, um die Konstruktion genau zu studieren. Schnell war Carl F.W. Borgward und seinen Technikern klar, welche enormen Vorteile eine hydropneumatische Federung besaß. Beim Borgward-Panzer sorgte die Hydraulik für einen kleinen Wendekreis und für ein mögliches Schießen während der Fahrt.

Die Laufrollen wurden durch Schwinghebel geführt und durch Pleuel mit Arbeitszylindern verbunden. Jeweils drei Laufrollen waren zu einer Einheit zusammengefasst und an einen gemeinsamen Druckölbehälter angeschlossen, der wiederum mit zwei kugelförmigen Druckkammern in Verbindung stand. In den Druckkammern befanden sich Gummihüllen mit dem Federungsgas Stickstoff. Federte ein Laufrad ein, so wurde in der Druckkammer das Gummi-Stickstoff-Kissen zusammengepresst und übernahm die Federungsarbeit.

Doch wie funktioniert die Federung?

Über die Hochdruckpumpe wurde das Drucköl vom Vorratsbehälter in die 4 Druckölbehälter, in die 8 Druckkammern und in die 12 Arbeitszylinder an den Laufrollen gepumpt. Entsprechend der Belastung der Laufräder komprimierte das Drucköl die Gummi-Stickstoff-Kissen in den Druckkammern.

Die Steuerventile regelten den erforderlichen Öldruck in den Druckkammern, den Druckölbehältern und in den Arbeitszylindern. Der Öldruck passte sich den Belastungen automatisch an. Gleichzeitig verhinderten die Ventile den Rückfluss in Richtung Hochdruckpumpe.

Wenn das Absperrventil zwischen Druckkammer und Druckölbehälter sperrte, wurde das Drucköl nur noch in eine Druckkammer gepresst. Dadurch stellte sich die Federung auf „hart".

Wie wollte Übelacker den kleinen Wendekreis erreichen?

Kettenfahrzeuge werden durch das Abbremsen einer Kette gelenkt. Bremst der Fahrer die rechte Kette, so arbeitet sich die linke um den Drehpunkt, der unter der rechten Kette liegt. Das Fahrzeug ändert die Fahrtrichtung nach rechts. Je länger die Aufstandsfläche der gestoppten oder gebremsten Kette ist, desto höher muss die Motorleistung sein und desto größer ist der Wendekreis. Ideal wäre theoretisch (und in der Praxis kaum machbar) eine punktförmige Aufstandsfläche der gebremsten Kette.

Die Techniker verwendeten 3-Wege-Hähne, um die vorderen und hinteren Laufräder vom Hochdruckkreis zu trennen. Die

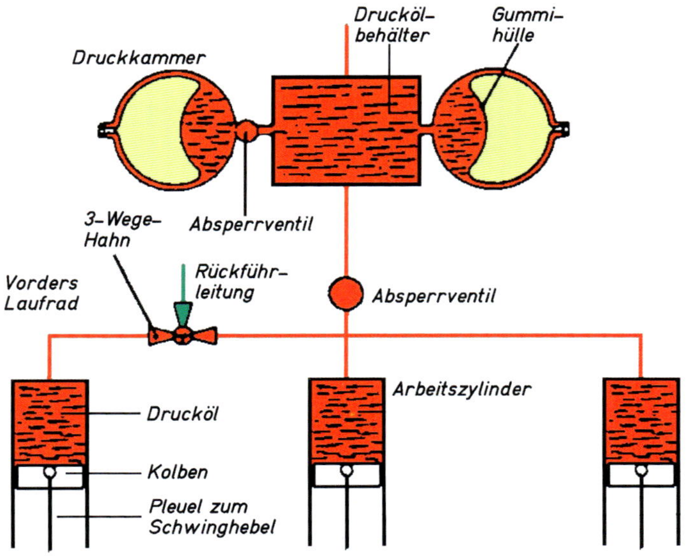

Kolben in den Arbeitszylindern wurden durch die 3-Wege-Hähne drucklos geschaltet, und das Hydrauliköl konnte über die Rückführleitungen (grün) zum Vorratsbehälter zurückgeführt werden. Es trugen nur noch die 8 mittleren Laufrollen (4 pro Seite). Dadurch erhöhte sich die Bodenfreiheit (die mittleren Laufräder befanden sich an der Position der gestrichelten Linie in der Zeichnung), was zur Verringerung der Ketten-Auflageflächen führte und den gewünschten kleinen Wendekreis ermöglichte.

Quellen:
- Borgward-Patent: Abfederung für mittels Laufketten angetriebene Panzerkampfwagen, 27.4.1957
- Bundesminister der Verteidigung/Dipl.-Ing. Erich Übelacker-Patent: Panzerkraftwagen, 23.3.1957
- Rolf Hilmes: 50 Jahre Fahrzeuge der gepanzerten Kampfgruppen, Das Schwarze Barett, o.O., 2005

Schießen während der Fahrt. Geht das?

Der Stromstoß, der den Schuss des Geschützes auslöst, gab ein Signal an die Hydraulikventile, die zwischen den Arbeitszylinder-Leitungen und den Druckölbehältern lagen. Für den Bruchteil einer Sekunde sperrten die Ventile und blockierten das Federungssystem. Damit konnte die Standfestigkeit während der Fahrt erhöht und die Treffsicherheit der Kanone ermöglicht werden. Der bei Panzern bisher notwendige Schießhalt sollte damit der Vergangenheit angehören.

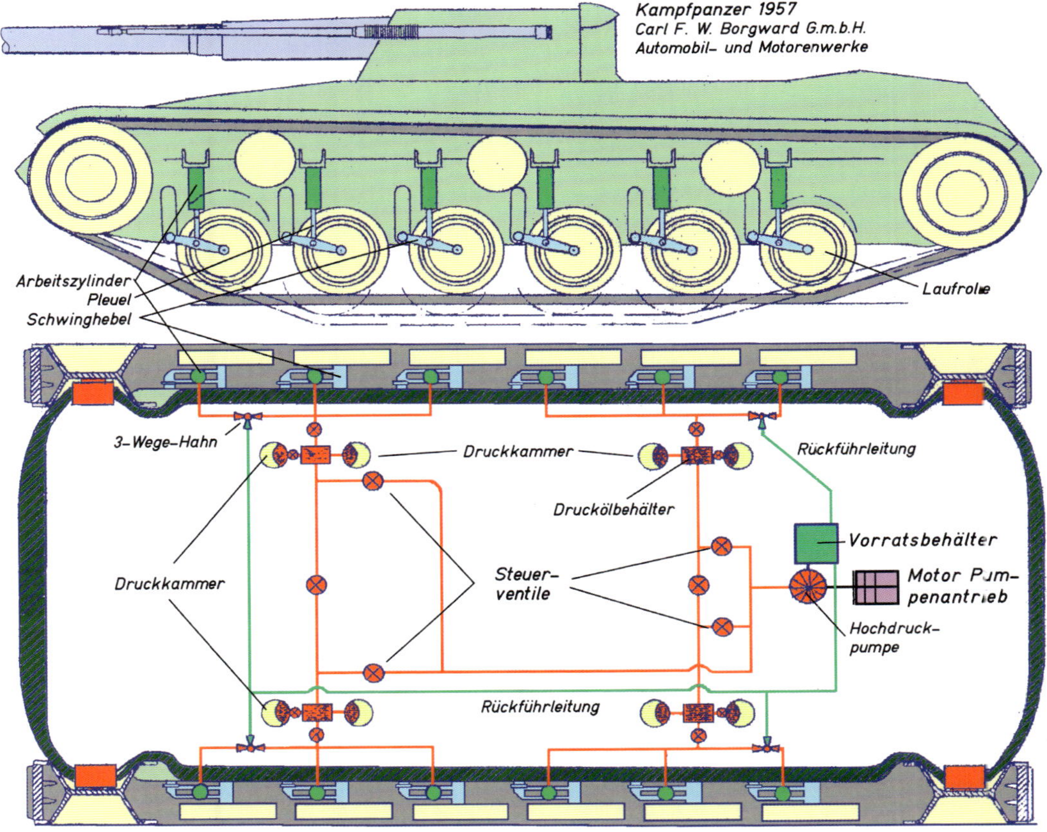

Federungshydraulik beim Panzer 1957.

Die erste rollende Sparkasse baute die „Norddeutsche Karosseriefabrik Conrad Pollmann". Der Nachfolger, Frontlenker-Aufbau von der Bremer „Karosseriefabrik Wilhelm Thiele", Fahrgestell BO 4500 F, wurde 1957 in den Dienst gestellt.

Der rollende Geldautomat

In der Zeit, als es kein Online- und Telefonbanking gab, keine Geldautomaten und Kontoauszugdrucker, waren mobile Zweigstellen von Banken und Sparkassen nicht ungewöhnlich auf deutschen Straßen. Auch die Sparkasse in Bremen kam mit einem solchen Gefährt fast bis vor die Haustür ihrer Kunden gefahren. Dabei handelte es sich um ein Borgward B 4000-Fahrgestell mit einem Aufbau des Bremer Karosserieherstellers Pollmann.

Einen Nachfolger für die mobile Sparkasse gaben die Bremer Banker 1957 bei der Karosseriebaufirma Thiele in Auftrag: Als Basis diente nun das Borgward-Frontlenker-Fahrgestell für Kraftomnibusse BO 4500 F. Der Frontlenker wurde von einem 95 PS starken Dieselmotor mit 6 Zylindern und 5 Litern Hubraum angetrieben.

In der mobilen Sparkassenzweigstelle befand sich ein offener Tresen, an dem die Bankgeschäfte erledigt wurden. Eine 3er-Sitzgruppe stand für Beratungsgespräche zur Verfügung. Außerdem ein Sitzelement, an dem Kunden in Ruhe die Formulare ausfüllen konnten. Im hinteren Bereich des Fahrzeuges gab es ein Waschbecken, an dem der Sparkassenmitarbeiter nach dem Geldzählen seine Hände waschen konnte. Im bordeigenen Tresor führte der Angestellte auch immer größere Summen Bargeld aufgrund von Einnahmen und für Auszahlungen mit. Zu einem Überfall auf den recht spärlich gesicherten Sparkassen-Borgward ist es nie gekommen.

Von 1957 bis 1972 fuhr das Fahrzeug nach einem präzisen Plan acht Haltestellen im neuen Bremer Stadtteil Vahr an.

Nach der Außerdienststellung fand es bei einem albanischen Autoverwerter in Hamburg als Büro auf dessen Betriebsgelände Verwendung. 1991 erwarb es ein Borgward-Sammler bei Osnabrück.

Auf Initiative der Sparkasse Bremen und eines Borgward-Clubs kam das mittlerweile nur noch als Wrack zu bezeichnende Fahrzeug 2008 zurück in die Hansestadt. Die Vollrestaurierung führten die Spezialisten der Karosseriebaufirma Pollmann in Bremen-Mahndorf in 16 Monaten durch. Die nahezu unverwüstliche Borgward-Technik wurde überprüft und instand gesetzt. Den überwiegenden Anteil machten hingegen die Karosseriearbeiten aus. Alle Klappen, Türen und Stoßstangen mussten neu angefertigt werden, da sie vom Rost zerfressen waren. Das Interieur mit Einbauschränken und Sitzgelegenheiten für die Kunden wurde komplett neu angefertigt. Dabei konnte auf keine Zeichnungen zurückgegriffen werden. Viele Teile mussten neu angefertigt werden. Die Bilanz: 20 % der alten Substanz konnten gerettet werden, der Rest wurde durch Neuteile und Einzelanfertigungen ersetzt. 250.000 Euro soll den Bankiers von der Weser die Restaurierung gekostet haben.

Ein Beitrag von Ulf Kaack

Seit September 2009 ist das Borgward-Unikat wieder auf den Straßen in Bremen präsent. Leicht zu fahren ist die rollende Sparkasse indes nicht: Zwischengas ist erforderlich und vor allem Muskelkraft beim Lenken und Bremsen.

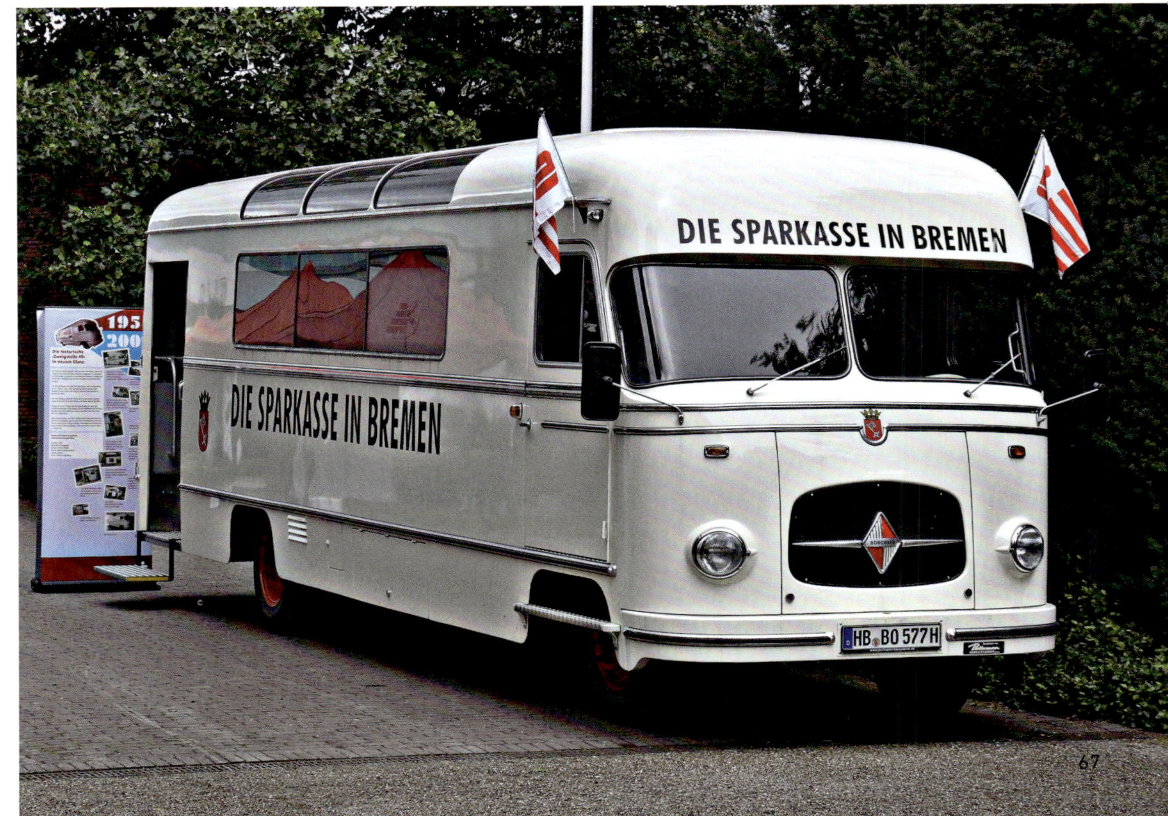

Hubschrauberentwicklung

Prof. Henrich Focke (1890-1979).

Prof. Dr.-Ing. E. h., Dipl.-Ing. Henrich Focke begann 1956 die Entwicklungsarbeiten an dem Borgward Hubschrauber „Kolibri". Schon im Februar 1957 stellte Focke Helikopter-Fachleuten seine Idee und die schon geschaffenen Bauteile vor. Zu den Fachleuten gehörten auch die bekannte Pilotin Flugkapitän Hanna Reitsch und der Einflieger Conny Edzard. Sie konnten in einer Attrappe („Sitzkiste") Platz nehmen, um die Raumverhältnisse im Kolibri zu prüfen. Auch der geodätische Rahmen, der die Baugruppen Heckrotor, Hauptrotor, Getriebe, Motor, Fahrwerk und Kanzel aufnehmen sollte, konnte im Rohbau besichtigt werden.

Das Jahr war allerdings bestimmt durch weitere Konstruktionsarbeiten, Fertigung und Prüfungen verschiedener Bauteile u.a. in Borgwards Werkstoffstelle (Dauerversuche an Rotoren und Getriebe).

Höhepunkt war der erste „Luftsprung". Am 20. Dezember hob der Hubschrauber ab. Dabei war der Helikopter gefesselt. Starke, in der Startbetonfläche verankerte Spiralfedern verhinderten den Abflug.

Psychologisch ein ganz wichtiger Meilenstein, der Carl F. W. Borgward und den Hubschrauber-Entwicklern neuen Schwung gab.

Blick im Februar 1957 in die Halle 4, wo der Rohbau des Hubschraubers stattfand. Im Vordergrund die Sitzkiste, dahinter der geodätische Rahmen mit der für den Kolibri typischen Motorschaukel.

Borgward Argentina SA

Die englischen Besatzungstruppen nahmen in der Jagd auf deutsche Wissenschaftler zum Ende des 2. Weltkriegs den Chef des Konstruktionsbüros und gleichzeitig Technischen Direktor des Bremer Flugzeugherstellers Focke-Wulf, Dipl.-Ing. Kurt Tank (1898-1983), in Gewahrsam. Kurz bevor die Briten ihn im Oktober 1947 nach England bringen wollten, gelang ihm die Flucht nach Dänemark. Von dort aus ging es standesgemäß mit Flugzeugen nach Argentinien, das seit 1946 diktatorisch von einer Militärregierung unter Staatschef Juan Péron (1895-1974) regiert wurde.

Tank und sein deutsches Techniker-Team entwickelten bei der Firma Instituto Aerotécnica in Córdoba (ca. 700 km nordwestlich von Buenos Aires) für die Luftwaffe des südamerikanischen Staates den Düsenjäger Pulqui II.

Carl Borgwards Mitarbeiter Ing. Wilhelm Gieschen (1908-1991, ab 1954 Borgward Betriebsdirektor, 1961 im Vorstand von BMW) leitete während des Krieges das Focke-Wulf-Werk Cottbus und war deshalb gut mit Kurt Tank bekannt. Gieschen sorgte dafür, dass Tank und Borgward sich bei einem Aufenthalt Tanks in der Bundesrepublik

Quellen:
Michael Bar-Zohar: Die Jagd auf die deutschen Wissenschaftler, Frankfurt/ M.-Berlin 1966
Carl F. W. Borgward GmbH: Der Rhombus, Bremen, Heft Dezember 1955
Heinz Conradis: Nerven, Herz und Rechenschieber, Göttingen 1955
Wolfgang Wagner: Kurt Tank-Konstrukteur und Testpilot bei Focke-Wulf, München 1980
Weser-Kurier: Borgward will Flugzeuge bauen, Bremen, 10.7.1953
Wikipedia: „Ludwig Freude", „Rudolfo Freude" und „Rastrojero" abgerufen am 9.4.2016

Luftbild des Borgward-Argentina-Werks in Buenos Aires/Isidro Casanova.

1953 trafen. Am 9. Juli kam es zu einem ausführlichen Gespräch der beiden über den Wiederaufbau Deutschlands, die Wirtschaftsbedingungen in Südamerika und die Flugzeugproduktion. Noch am selben Tag erklärte Carl Borgward, dass er mit dem zivilen Flugzeugbau beginnen werde, sobald die alliierten Verbote aufgehoben sind.

Anscheinend angeregt durch Tanks positive Einschätzung gründete Firmenchef Carl Borgward in Argentinien ein Unternehmen (Gründungsdatum 3. März 1955), das vorerst den 1,8-Liter-Diesel-Motor

Oben: Die Fabrik entstand 1957 auf einem ca. 16.000 m² großen Grundstück.

Unten: Haupttor an der Straße Corrientes.

mit Getriebe und Hinterachse importierte. Dazu musste die Bremer Borgward GmbH das argentinische Unternehmen Industrias Aeronáuticas y Mécanicas del Estado (IAME) in die Borgward Argentina SA hineinnehmen. Die IAME war eigentlich ein „alter Bekannter". Tanks militärisches Instituto Aerotécnica hatte sich nämlich 1952 umbenannt und hing nun mit einer 50 %-Beteiligung mit drin und stellte den Präsidenten der Gesellschaft, Ludwig Freude.

Tanks Flucht 1947 mit einem gefälschten Pass organisierte Pérons späterer Geheimdienstchef Rudolfo Freude (1920-2003). Rudolfo und sein Vater Ludwig „Ludevico" Freude (1889-1956) zählten zu den bedeutendsten Nationalsozialisten in Argentinien und waren in die Fluchthilfe deutscher Nazis verstrickt.

Dipl.-Ing. Kurt Tank (1898-1983).

1955 baute die Borgward Argentina SA ein Werk in Isidro Casanova (Corrientes 327). Die Bremer Borgward GmbH erfüllte nun ihren 50 %igen Gesellschaftsanteil durch die Lieferung von Werkzeugmaschinen. Dadurch sollte das Werk die bisher aus der Hansestadt bezogenen Teile selbst produzieren können. Doch durch den Sturz des Staatschefs Juan Péron im September 1955 verhängte die neue Regierung eine Vermögenssperre über 226 Personen und 75 Firmen, denen unrechtmäßige Bereicherung unter dem Regime Péron vorgeworfen wurde. Dabei handelte es sich auch um deutsch-argen-

Außenansicht der Haupthalle.

Getriebemontage.

Herstellung der Klingelnberg-Verzahnung am Tellerrad des Differenzials.

tinische Unternehmen (Borgward, Bosch, Deutz, Fahr, Hanomag, Mercedes-Benz und Siemens). Der Bau der Borgward-Fabrik lag still.

Allerdings durfte Borgward-Bremen nach wie vor PKW sowie LKW liefern und die Diesel-Motoren exportieren, da Argentiniens Hersteller des Rastrojeros, die IAME (genau die, wo auch Tank arbeitete) darauf angewiesen war. Der Rastrojero war ein seit 1952 gebauter Pickup mit einer Zuladung von annähernd 500 kg. Die erste Serie besaß einen 2,2-Liter-Otto-Motor von Willys Overland, der 1954 durch den Borgward-Motor abgelöst wurde.

Zum 31. Januar 1957, im eigentlichen Startjahr der Borgward-Auslandsfiliale, hob die Regierung die Vermögenssperre über die Borgward Argentina auf; die Fabrik konnte nun zügig ausgebaut werden und endlich die Produktion der Hansa-1800-Diesel-Motoren, Getriebe und Antriebsachsen aufnehmen.

1958 gründeten die DINFIA (Direccion National de Fabricaciones e Investigaciones Aeronáuticas), so nannte sich seit einem Jahr die IAME, mit der Borgward Argentina SA die Firma Dinborg. Dinborg stellte angeblich ab 1960 Isabellen und B 611-LKW her. Doch das ist ein anderes Kapitel der Werksgeschichte.

BORGWARD ARGENTINA S.A.
CAPITAL SOCIAL
TITULO AL PORTADOR
VEINTE ACCIONES ORDINARIAS
CLASE
A
2000

Aktie der Borgward Argentina SA. Die Firma bestand bis weit in die 80er-Jahre.

Motorenbau.

Lloyd Montage in Australien

Lloyd-Chef Willy Tegtmeier (1911-1999) fädelte das ckd-Geschäft mit Laurence Hartnett (unten) ein. Da in Australien Linksverkehr herrscht, produzierte Hartnett die Fahrzeuge mit dem Lenkrad auf der rechten Seite.

Australien besaß ein Automobilwerk, die General Motors-Holden´s Ltd, die den Bedarf an Fahrzeugen in Australien nicht decken konnte. Auch die Monopolstellung dieses Unternehmens passte der Regierung nicht ins Konzept. So gründete mit regierungsseitigem Wohlwollen der ehemalige Holden-Direktor Laurence Hartnett 1949 die Hartnett Motor Company Ltd. Diese baute in geringen Stückzahlen einen Kleinwagen, der durch den Lloyd LP600 ersetzt werden sollte.

Dazu schloss Hartnett einen Vertrag mit der Lloyd Motoren Werke GmbH, die ckd-Fahrzeuge liefern sollten. Diese „complete knockdown"-PKW (ckd) waren Bausätze mit allen Einzelteilen, die im Export-Land montiert werden mussten. Fertige Fahrzeuge konnte die Automobilindustrie zwar einführen, diese unterlagen jedoch erhöhten Einfuhrzollsätzen. Billiger und damit mehr Absatz versprechend waren Bausätze. Gleichzeitig erreichten diese Länder den Aufbau einer eigenen Kraftfahrzeugindustrie. Dieses Verfahren wandten damals sehr viele Länder an, wie zum Beispiel Argentinien, Belgien, Indien und Indonesien. Das erklärt auch Borgwards hohe Zahl von Montagewerken in anderen Ländern.

Die ersten 150 ckd-Sätze trafen im Oktober 1957 in Brisbane ein. Die Kundenzeitung „Fahr mit Lloyd" schrieb im Frühjahrs-Heft 1958: „... die Maschinerie des ersten Lloyd-Montagewerkes in Australien hat begonnen, sich einzuspielen. Auf dem Fundament der in Brisbane gewonnenen Erfahrungen werden in naher Zukunft weitere Montagebetriebe ... ins Leben gerufen. Das hat seinen guten Grund: Der Lloyd-Hartnett erfreut sich auf dem 5. Kontinent wachsender Beliebtheit, denn er ist das, was im australischen Fahrzeugangebot bisher fehlte, nämlich ein vornehmlich auf hohe Wirtschaftlichkeit hin konstruierter Gebrauchswagen, robust, genügsam und fahrsicher, dabei einfach in der Bedienung und Pflege. Einzelradfederung und Luftkühlung des Triebwerkes machen ihn besonders geeignet für die schlechten Straßen und wasserarmen Gebiete dieses zum Teil noch unerschlossenen Erdteils."

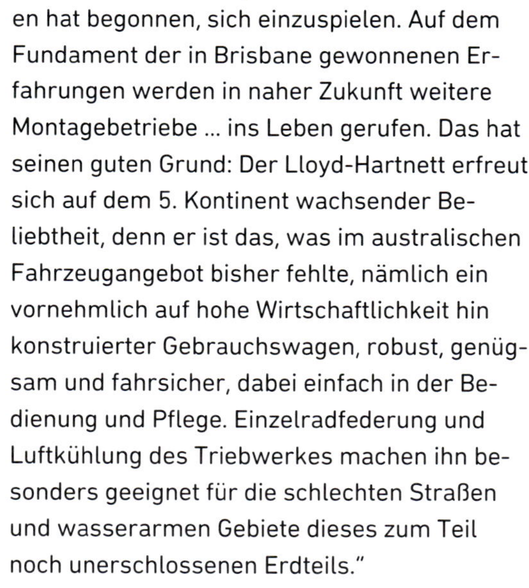

Insgesamt montierte Hartnett annähernd 3.000 LP600. 1962 stellte Hartnett die Lloyd-Fertigung ein.

Personalia: Borgward-Verkaufsdirektor Wilhelm Schindelhauer

Wilhelm Schindelhauer wurde am 21. November 1887 in Bremen geboren. 1917 begann er als kaufmännischer Angestellter bei den Hansa-Lloyd-Werken in Bremen-Hastedt seine Karriere. Bei der Übernahme der Hansa-Lloyd-Werke Ende der 20er-Jahre durch Carl F. W. Borgward und seinen Partner Wilhelm Tecklenborg kam auch Schindelhauer in die neue Unternehmung.

Nach dem Krieg, zwischen Borgwards Verhaftung 1945 und seiner Entnazifizierung 1948, leitete Schindelhauer die Werke als „Custodian", weil er als langjähriges SPD-Mitglied von den amerikanischen Besatzern nicht nationalsozialistischer Umtriebe verdächtigt wurde. Schindelhauer sorgte für die Enttrümmerung und für eine bescheidene Produktion von dringend gebrauchten Handwagen und von Lastkraftwagen, die teilweise im zerstörten Werk unter freiem Himmel zusammengebaut wurden.

Nach Carl Borgwards Rückkehr in seine Betriebe leitete Schindelhauer erfolgreich den Gesamt-Verkauf PKW und LKW. Daher rührte auch sein Spitzname „Schwindelbauer", der allerdings nur unter vorgehaltener Hand ausgesprochen wurde.

Schindelhauer war im großen Maße für den Erfolg der Borgward GmbH verantwortlich. Erst mit fast 70 Jahren ging er im Sommer 1957 in Rente. Er starb am 31. Dezember 1959.

Elisabeth und Carl F. W. Borgward gratulieren am 19. Februar 1957 Wilhelm Schindelhauer zu seinem 40. Dienstjubiläum.

Albert Doeding (1912-1989).

Goliath-Direktor Albert Doeding

Albert Doeding (*22. Juni 1912 in Bremen) fing am 15. März 1933 bei Borgward an, hatte verschiedene kaufmännische Positionen inne (1935 Handlungsbevollmächtigter) und sanierte die nicht erfolgreiche Verkaufsstelle in Darmstadt, die daraufhin zur Borgward-Niederlassung aufstieg. 1939 zog ihn die Wehrmacht ein. Auf Anforderung des Werks kehrte er aber im Dezember 1940 zurück und war zuständig für die Verpflegung der gesamten Belegschaft sowie für die Unterbringung der Zwangsarbeiter. Wegen Überschreitung des Lebensmittelkontingents für Zwangsarbeiter belegte ihn das Landesernährungsamt mit einer hohen Geldstrafe. In den letzten Kriegsmonaten zog ihn die Wehrmacht erneut ein. Er geriet in französische Kriegsgefangenschaft, aus der er 1947 entlassen wurde.

Carl F. W. Borgward machte Doeding im Oktober 1948 zum kaufmännischen Geschäftsführer der gerade gegründeten Goliath-Werk GmbH. In der Krisenzeit übernahm Doeding zusätzlich ab 1. Januar 1961 den Posten des Kaufmännischen Direktors der Lloyd Motoren Werke GmbH. Am 31. März 1962 verließ Doeding die Restbetriebe der Borgward GmbH und ging als Finanzdirektor zu VW do Brasil.

Doeding war der Sohn der Cousine von Borgwards erster Ehefrau Fee, ein Neffe 2. Grades. Er starb am 3. Oktober 1989.

Von links: Borgward-Verkaufsdirektor Wilhelm Schindelhauer, Goliath-Direktor Albert Doeding, Carl F. W. Borgward und Lloyd-Direktor Hans Krämer.

Goliath-Direktor August Momberger

Am 26. Juni 1905 wurde Momberger in Wiesbaden geboren. Mit 20 Jahren machte er bei NSU in Neckarsulm ein Praktikum und durfte mit einem Rennwagen am Taunus-Rennen teilnehmen. Momberger ging als Sieger durch das Ziel. 1926 schloss er sein Maschinenbaustudium ab. Nachdem er weitere Rennen gewonnen hatte, stieg er 1927 auf einen 2,3-Liter-Bugatti um, mit dem er erfolgreich Bergrennen bestritt. 1928 kam er als Versuchsingenieur zu Steyr, wo er an Rennwagen mitarbeitete. 1929 erwarb der erst 24 Jahre alte Ingenieur einen 7-Liter-Mercedes SSK und machte damit den 3. Platz als bester deutscher Fahrer beim GP von Deutschland.

1934 fuhr der Wiesbadener für die Auto Union, wurde ein Jahr später aber nicht mehr als Fahrer sondern als Techniker bei der AU verpflichtet. Dort blieb er bis zum Ende des Kriegs.

In Hude bei Oldenburg eröffnete er mit ehemaligen AU-Technikern ein Ingenieurbüro und entwickelte dort für Borgward den Goliath PKW GP700 sowie den Lloyd LP300. 1950 machte ihn Carl F.W. Borgward zum Technischen Geschäftsführer des Goliath Werks.

Momberger, der von vielen Zeitzeugen als schwieriger Mensch charakterisiert wurde, verließ Goliath 1958 und arbeitete bei verschiedenen anderen Unternehmen. Mit nur 65 Jahren starb August Momberger am 22. Dezember 1969.

August Momberger (1905-1969).

Ausflug mit Journalisten. Von links: Goliath-Direktor Albert Doeding, Radio Bremen Redakteur Herbert W. Vetter, Lloyd-Presse-Chef Hellmut-Peter Clauß, nn und Goliath-Direktor August Momberger (mit Hut).

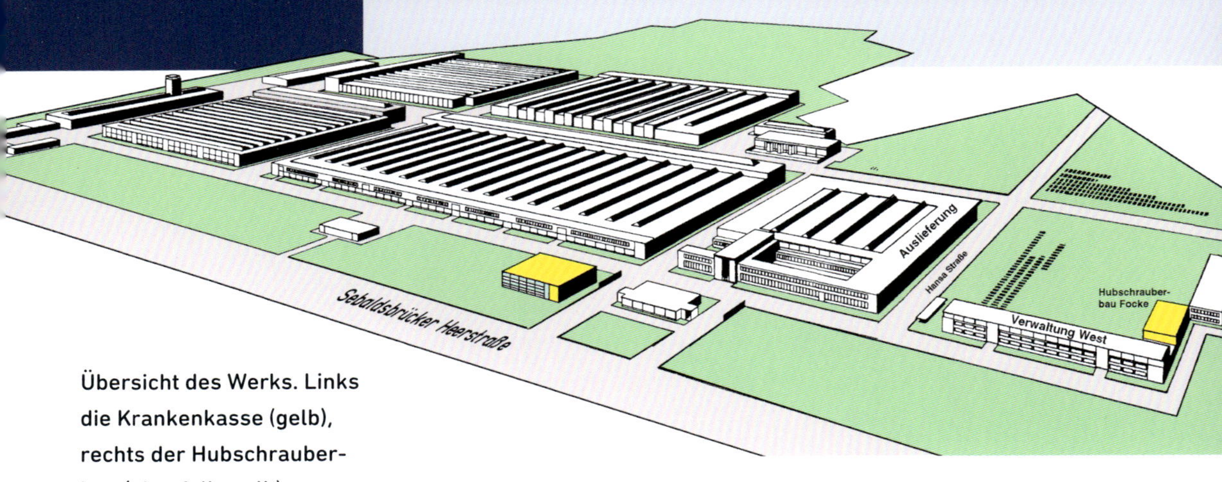

Übersicht des Werks. Links die Krankenkasse (gelb), rechts der Hubschrauberbau (ebenfalls gelb).

Bauten:
Krankenkasse und Hubschrauberbau

Durch den Erfolg der letzten Jahre stieg die Anzahl der Beschäftigten. Auch bei den kaufmännischen Angestellten herrschte Enge vor. So entschloss sich die Firmenleitung, der Betriebskrankenkasse und der Hauptkasse ein eigenes Gebäude einzurichten, zumal diese beiden Stellen auch erheblichen Publikumsverkehr hatten, und der sollte nicht immer durch die Flure der Verwaltung laufen.

Borgwards Architekt Rudolf Lodders (1901-1978) baute 1957 ein Gebäude direkt an der Sebaldsbrücker Heerstraße neben dem

Gebäude der Betriebskrankenkasse (Südseite) zum Werksgelände.

Links: Die Hubschrauberhalle im Rohbau.
Oben: Architekt Rudolf Lodders (1901-1978).

Haupteingang des Werks. Die bebaute Fläche betrug 572 m^2, die Nutzfläche 1.326 m^2. Das Gebäude existiert heute noch (2016) und wird von der Mercedes-Benz-Betriebskrankenkasse genutzt.

Der Borgward-Hubschrauber sollte in diesem Jahr zur Erprobung seine zahlreichen Fesselflüge absolvieren. Für die Wartung und eventuelle Umbauarbeiten benötigte die Mannschaft um den „Flugzeug-Professor" Henrich Focke eine Halle mit einem großen Tor. Lodders baute ganz im Osten des Werks, nahe dem Start- und Landeplatz, ein Gebäude mit einer Nutzfläche von 504 m^2. Die Halle des Hubschrauberbaus ist heute (2016) noch vorhanden und wird von der Firma Atlas Elektronik genutzt.

Straßenseite des Gebäudes der Krankenkassse. Foto von 2015.

Die wirtschaftliche Lage der Borgward-Gruppe

Die Arbeitslosenquote in der Bundesrepublik betrug 1957 3,7 %.[1] Dieser Wert änderte sich auch ein Jahr später nicht. Er war der niedrigste Wert seit Kriegsende 1945. 2 % gilt als Vollbeschäftigung.

Der Produktionsanstieg gegenüber 1956 betrug bei Lloyd annähernd 0, bei Goliath 1.266 Einheiten (21 %) und bei Borgward

1 Wikipedia: Arbeitslosenstatistik, abgerufen 1.5.2016

PKW-Produktion ohne Kombi	1956	1957	1958	Summe
Borgward-Produktion	**17.807**	**23.355**	**22.751**	**63.913**
Hansa 2400	115	97	117	329
Isabella	17.692	23.258	22.634	63.584
Goliath-Produktion	**6.067**	**7.333**	**7.990**	**21.390**
GP 700	1.168	141		1.309
GP 900	4.899	159		5.058
1.100		7.033	7.938	14.971
Typ 31/34			52	52
Lloyd-Produktion	**51.764**	**51.604**	**49.033**	**152.401**
300/400	10.748	2.026		12.774
600	35.329	45.907	46.780	128.016
LT 600 Sechssitzer	3.119	2.471	2.253	7.843
250	2.568	1.200		3.768
Summe BGL-PKW	**75.638**	**82.292**	**79.774**	**237.704**
Gesamt-PKW Bundesrepublik	**910.996**	**1.040.188**	**1.306.854**	**3.258.038**
PKW-Produktionsanteil-BGL	**8,3%**	**7,9%**	**6,1%**	**7,30%**

Kombi-Produktion	1956	1957	1958	Summe
Borgward-Produktion	**3.301**	**7.226**	**7.255**	**17.782**
Isabella Kombi	3.301	7.226	7.255	17.782
Goliath-Produktion	**2.979**	**2.963**	**2.863**	**8.805**
GP 700	778	25		803
GP 900	1.307	247		1.554
1.100		2.079	1.738	3.817
Hansa 1100			764	764
Express Kombi	894	83		977
Express 1100 Kombi		529	361	890
Summe Borgward+Goliath	**6.280**	**10.189**	**10.118**	**26.587**
Gesamt Bundesrepublik	**63.167**	**81.218**	**126.116**	**270.501**
Kombi-Produktionsanteil-BG	**9,94%**	**12,55%**	**8,02%**	**9,83%**

Lieferwagen bis 0,99 t Nutzlast	1956	1957	1958	Summe
Goliath-Produktion	**4.549**	**2.574**	**2.300**	**9.423**
1100 Geschäftswagen		54	69	123
GP 700 Geschäftswagen	10			10
GP 900 Geschäftswagen	57			57
Express	1.730	170		1.900
Express 1100		757	1.009	1.766
Goli	2.737	1.573	1.222	5.532
Typ 31/34 ab 1958 in PKW	15	20		35
LK 300 bis 52, LT 500/600	**774**	**748**	**582**	**2.104**
Summe Goliath + Lloyd	**5.323**	**3.322**	**2.882**	**11.527**
Gesamt Bundesrepublik	**59.001**	**69.676**	**78.971**	**207.648**
Produktionsanteil G+L	**9,0%**	**4,8%**	**3,6%**	**5,6%**

1 bis 3 t Nutzlast	1956	1957	1958	Summe
Borgward-Produktion	**6.602**	**5.994**	**5.541**	**18.137**
B 1500/O	1.522	1.099	1.555	4.176
B 1500/D	2.171	1.421	2.392	5.984
B 611/O 1957/58 in B 1500 O				0
B 611/D 1957/58 in B 1500 D				0
B 2000 A/O bis 1954 in B 2000	2.081	2.654	838	5.573
B 2000	110	155	99	364
B 2500 - B 522	718	665	657	2.040
Gesamt Bundesrepublik	**41.404**	**44.353**	**45.916**	**131.673**
Produktionsanteil Borgward	**15,9%**	**13,5%**	**12,1%**	**0,00%**

4 bis 7 t Nutzlast	1956	1957	1958	Summe
Borgward-Produktion	**1.937**	**1.103**	**980**	**4.020**
B 4000 - 533 - 544	193	201	218	612
B 4500 A - 555 A		445	375	820
B 4500 - 555	1.744	457	387	2.588
B 655				0
Gesamt Bundesrepublik	**40.444**	**34.851**	**43.727**	**119.022**
Produktionsanteil 4-7 t	**4,8%**	**3,2%**	**2,2%**	**3,4%**
Gesamtprod. Borgward-LKW	**8.539**	**7.097**	**6.521**	**22.157**
Gesamt-Anteil Borgward-LKW	**10,4%**	**9,0%**	**7,3%**	**8,8%**
Gesamtstückzahl PKW+LKW	**95.780**	**102.900**	**99.295**	**297.975**

5.551 Einheiten (31,2 %). Trotzdem war der Produktionsanteil der Borgward-Gruppe an der deutschen Gesamtproduktion im PKW-Bereich gegenüber 1956 gesunken (0,4 %). Die Konkurrenz wuchs einfach schneller. Im Nutzfahrzeug-Bereich sah es ähnlich aus: Lieferwagen -4,2 %, bis 3 t Nutzlast -2,4 %, bis 7 t-Nutzlast -1,4 5. Einzig bei den Kombi-Fahrzeugen gab es ein positives Ergebnis. Hier konnte Borgward mit dem Isabella Combi stark zulegen, sodass der Anteil um 2,6 % auf 12,6 % stieg. Doch der Markt für Kombinationskraftfahrzeuge war gegenüber dem PKW-Markt zwar nicht unbedeutend, aber wesentlich kleiner.

Anlässlich dieses Trends hätten in den Führungsetagen der Borgward-Gruppe die Alarmsirenen erklingen müssen. Zu viele Fahrzeuge die kein Geld einbrachten, aber Kapazitäten blockierten (Hansa 2400, Goliath 31/34, Express, Goli, Lloyd LT).

Beschäftigte	**1956**	**1957**	**1958**
Borgward	9.545	11.168	10.908
Goliath	2.110	2.401	2.387
Lloyd	3.612	4.914	4.491
Gesamt	**15.267**	**18.483**	**17.786**
Umsätze in Mio. DM	**1956**	**1957**	**1958**
Borgward	270	306	318
Goliath	36	71	79
Lloyd	187	190	182
Gesamt	**493**	**567**	**579**
Umsätze/Beschäftig.	**1956**	**1957**	**1958**
Borgward	28.286 DM	27.439 DM	29.189 DM
Goliath	16.996 DM	29.571 DM	33.096 DM
Lloyd	51.687 DM	38.665 DM	40.525 DM
Umsatz/Auto	**1956**	**1957**	**1958**
Borgward	9.107 DM	8.133 DM	8.717 DM
Goliath	2.638 DM	5.517 DM	6.006 DM
Lloyd	3.553 DM	3.629 DM	3.668 DM
Auto/Beschäftigten	**1956**	**1957**	**1958**
Borgward	3,1	3,4	3,3
Goliath	6,4	5,4	5,5
Lloyd	14,5	10,7	11,0

Endlich ein Rennsportwagen mit besserer Straßenlage

1957 entstand in der Borgward-Versuchsabteilung ein Rennsportwagen mit einem geodätischen Rahmen, der aus einem Fachwerk von kleinen und dünnen Rohren bestand. Diese Rohre waren so aneinander geschweißt, dass sie kleine Dreiecke bildeten. So traten im Material bei Belastung nur Zug- oder Druckkräfte auf. Diese extrem stabile und gleichzeitig sehr leichte Rahmenart ist aufgrund der zeitaufwendigen Herstellung sehr teuer.

Mit diesem „Gitterrohrrahmen" wollte die Versuchs- und Rennabteilung die Fahrwerksschwäche der bisherigen RS ausbügeln. Der Fahrer Helmut Schulze startete am 12. Mai 1957 in Spa, Belgien, kam beim Rennen aber von der Strecke ab und erreichte nicht das Ziel. Bei einer Testfahrt einige Tage später auf dem Nürburgring wurde das Fahrzeug total beschädigt. Ein Neubau kam für Carl F. W. Borgward aus Kostengründen nicht in Frage. So mussten alle zukünftigen Rennen mit den alten zweidimensionalen Rahmen bestritten werden. Allerdings versah man die Fahrzeuge mit einem Hilfsrahmen, der die Stabilität etwas verbesserte. Borgward verschenkte die Chance, die Straßenlage den durch Porsche vorgegebenen Maßstäben anzupassen.

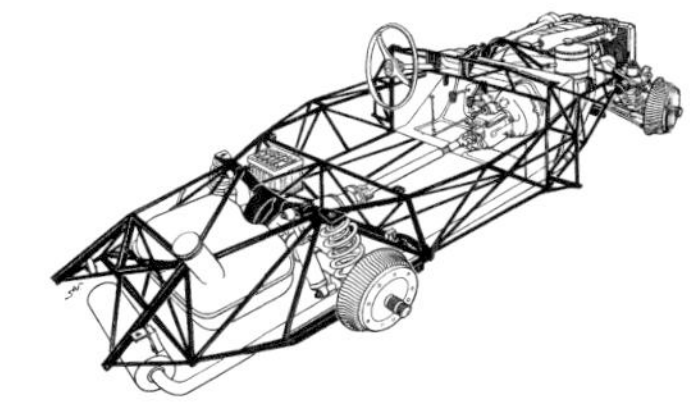

Auch der bekannte Flügeltürer, Mercedes-Benz 300 SL, besaß einen Gitterrohrrahmen.

Blick in das Cockpit. Deutlich erkennt man einen Teil des Gitterrohrrahmens.

Ingenieur Karl-Ludwig Brandt (1907-1990) konstruierte Borgwards PKW-, LKW- und Rennsportmotoren.

RS-Motor ab 1956.

Die Rennsaison 1957

Zu Beginn der 50er-Jahre hatte sich Firmenchef Carl F.W. Borgward nach anfänglichem Zögern entschieden, mit Sportwagen an Wettbewerben teilzunehmen. Obwohl solche Fahrzeuge nicht zu seinem Produktionsprogramm gehörten, konnte er sich durch Erfolge im Motorsport Werbeeffekte versprechen. Basis waren Chassis und Motor des Serienwagens Hansa 1500. Die Leistung des 4-Zylinders konnte immerhin bis auf 90 PS gesteigert werden, und schon im ersten Jahr, 1952, errangen die neuen „Renner aus dem Norden" zwei viel beachtete Siege, auf dem Grenzlandring und der Avus. In den beiden folgenden Jahren nahmen sie auch an internationalen Rennen teil. Besonders bei der Carrera Panamericana in Mexiko 1953 wie 1954 schien der Klassensieg erreichbar, den dann nur Unfälle und technische Defekte vereitelten.

Als in dieser Zeit Porsche mit dem von vornherein als Rennfahrzeug konzipierten Typ 550 Spyder antritt, wird deutlich, dass der Hansa-Motor endgültig an seine Grenzen gekommen ist. Ingenieur

Karl-Ludwig Brandt erhält den Auftrag, ein neues Triebwerk zu entwickeln. Das braucht seine Zeit, und deswegen legt das Werk eine „Rennpause" ein. Erst 1956 ist das Aggregat einsatzbereit, beeindruckt dann aber durch modernste Technik: vier Ventile und zwei Zündkerzen pro Zylinder, obenliegende Nockenwellen, Direkteinspritzung – gut für rund 150 PS. Natürlich ist der Wagen noch nicht ausgereift, und das Solitude-Rennen gilt als erster Test: Gegen die Konkurrenten aus Zuffenhausen (Porsche) und Eisenach (AWE) reicht es immerhin zu einem 6. Platz.

Nach weiteren Entwicklungsarbeiten und zahlreichen Probefahrten schickt Borgward den neuen RS 1957 wieder an den Start.

Helmut Schulze (1935) startete 1957 mit dem Rennsportwagen, der den dreidimensionalen Gitterrohrrahmen besaß, in Spa.

12. Mai 1957: Spa (Belgien)

Der junge Bremer Helmut Schulze hat allerdings Pech: ein plötzlicher Wolkenbruch überschwemmt kurz nach dem Start die Fahrbahn und befördert ihn in die Botanik (#21).

Doch danach dominiert ein anderes Ziel: Teilnahme an der Europa-Bergmeisterschaft, die neu eingeführt und für Sportwagen bis

Hans Herrmann (1928)

2 Liter ausgeschrieben wird. Nur Fachleute erinnern sich, dass es 1930-32 eine solche Meisterschaft schon einmal gab. Damals trugen sich vor allem Hans Stuck (Austro-Daimler) und Rudolf Caracciola (Mercedes-Benz) in die Siegerlisten ein. Als Konkurrenten mit Erfolgsaussichten treten bei der Neuauflage an: Die Porsche 1500 RS, mit Edgar Barth und Umberto Maglioli am Steuer, und der Maserati Typ 200 SI, den das Werk dem erfahrenen Schweizer Willy P. Daetwyler anvertraut. Es wird eine Rolle spielen, dass die beiden deutschen Werke nur über 1500 cm^3-Triebwerke verfügen, aber bei der Ausarbeitung des Reglements konnten die Italiener das 2-Liter-Limit durchsetzen.

28. Juli 1957: Schauinsland (D)

Borgward verzichtet noch auf den ersten Lauf am Mont Ventoux (Frankreich) in der Provence (Daetwyler gewinnt vor Maglioli und Barth) und stellt sich erst auf deutschem Boden beim Schauinsland-Rennen. Dort kann man aber mit einem Überraschungscoup aufwarten: Das Werk hat als Fahrer Hans Herrmann verpflichtet, was manche anfangs gar nicht glauben wollen. Der Stuttgarter war doch bei Porsche groß geworden und konnte für das Werk in den Jahren 1953-56 zahlreiche, zum Teil spektakuläre Erfolge einfahren! Aber die Bindung hatte sich gelockert und es gab offenbar Gründe für einen Wechsel.

Hans Herrmann mit seinem 57er-Borgward RS (5. Generation) beim Schauinsland-Bergrennen.

Willy Daetwyler auf Maserati 200 Si sichert sich 1957 die Europa-Bergmeisterschaft.
Unten: Edgar Barth auf Porsche 550 RS beim Schauinsland-Rennen.

Giulio Cabianca (1923-1961)

Auch beim ersten Start läuft noch nicht alles wie gewünscht: Schulze fliegt bei einem Trainingslauf von der Strecke. Der Wagen stürzt mehrere Meter tief, der Fahrer bleibt zum Glück unverletzt. Herrmann wird beim Rennen auf regennasser Straße durch eine rutschende Kupplung behindert: dritter Platz hinter Barth und Maglioli. Da Daetwyler durch einen Reifenschaden nicht ins Ziel kommt, sieht es für die Porsche-Piloten jetzt sehr positiv aus.

15. August 1957: Gaisberg (Österreich)

Aber vor dem nächsten Spurt am Gaisberg bei Salzburg wirft ein Zwischenfall alles um: Das Coupé, in dem Maglioli und Barth nach einer Streckenbesichtigung bergab fahren, wird von einem Teilnehmer, der „wild" trainiert, fast frontal gerammt: Der Deutsche erleidet nur leichte, der Italiener schwere Verletzungen, die ihn für mehrere Monate ins Krankenhaus bringen. Für das Werk in Zuffenhausen müssen Richard von Frankenberg und Huschke von

Cabianca am Gaisberg.

Foto: Martin Pfundner

Hanstein einspringen. Das Rennen gewinnt erneut Daetwyler; Herrmann kommt auf den zweiten Rang, der von Borgward neu verpflichtete Italiener Giulio Cabianca auf den vierten.

25. August 1957: Lenzerheide (Schweiz)

Kurz danach der Lauf in der Schweiz (Tiefenkastel-Lenzerheide): Sieg für Porsche durch einen Mann, der nach seinem Unfall als Ferrari-Werkspilot beim Training zum 1000 km-Rennen über zwei Monate ein Gipskorsett tragen musste, der aber jetzt wieder einsatzfähig ist: Graf Berghe von Trips. Die Borgward-Fahrer müssen sich mit den Plätzen vier und sechs begnügen. Da Porsche inzwischen seine Motoren auf 1600 bzw. 1700 cm^3 Hubraum aufgebohrt hat, werden die Bremer Wagen, wie schon am Gaisberg, als „Sieger" der Klasse bis 1,5 l gewertet, aber das ist nicht mehr als ein Papiergewinn: Für die Meisterschaft zählt nur das Gesamtklassement.

Cabianca beim Bergrennen in der Schweiz.

1. September 1957: Aosta (Italien)

Und wieder eine Woche später findet dann das Rennen in Italien statt: vom Tal in Aosta auf den Großen Sankt Bernhard, eine extrem lange Strecke – 34 Kilometer! Hier kann die Entscheidung um den Titel fallen. Das Reglement schreibt nämlich vor, dass für die Schlussrechnung der Meisterschaft nur Fahrer gewertet werden, die an vier Rennen teilgenommen haben. Weil danach lediglich noch der Lauf in Griechenland aussteht, würde es für Trips ohnehin nicht mehr reichen, wohl aber für Edgar Barth, der wieder antreten kann. Aber bei einer ärztlichen Untersuchung glaubt der vom Veranstalter beauftragte italienische Arzt, „übernervöse Reflexe" feststellen zu können und gibt keine Starterlaubnis. Ob da nur rein medizinische Gründe ausschlaggebend waren? Denn damit ist auch Barth aus der Gesamtwertung eliminiert. Im Unterschied zu den Deutschen kennt Daetwyler die Strecke bereits – und das ist bei Bergrennen oft entscheidend. Das Ergebnis der langen Hatz auf die Passhöhe überrascht daher nicht: der Schweizer vor Trips und Herrmann. Damit ist Peter Daetwyler Europa-Bergmeister. Beachtenswert der Vergleich der beiden Deutschen: Zwischenstoppungen ergeben, dass Herrmann bis wenige Kilometer vor dem Ziel schneller unterwegs war als sein Konkurrent, aber auf der folgenden Schotterstrecke konnte der Porsche mit seinem Heckmotor die Kraft besser auf die Straße bringen. Nach rund 22 Minuten beträgt dann die Differenz nur knapp fünf Sekunden! Ein deutliches Zeichen, dass der RS aus Bremen sich jetzt zu einem ebenbürtigen Gegner entwickelt hat.

29. September 1957: Mont Parnès (Griechenland)

Fritz Jüttner (1930-1985).

Und der letzte Lauf bei den Griechen? An sich war es eine richtige Entscheidung, auch dieses Land einzubeziehen und den Wettbewerb, der sich doch „Europameisterschaft" nennt, nicht nur in der Alpenregion abzuwickeln. Damals in den 30er-Jahren waren ja auch Spanien, England, die Tschechoslowakei oder Ungarn beteiligt. Aber jetzt steht der Titelträger bereits fest, und das Geschehen am Mont Parnès bei Athen interessiert kaum mehr. Maserati und die Privatfahrer sparen sich den Aufwand, nur die beiden deutschen Werke entsenden Expeditionen. Bei Borgward kann für den erkrankten Cabianca erstmals Fritz Jüttner antreten, ein Monteur aus der Versuchsabteilung. Die Bremer Truppe, zwei LKW und ein Werkstattwagen, wird wegen angeblich unzureichender Papiere an der Grenze aufgehalten und dann noch zwei volle Tage in Saloniki blockiert. Herrmann vermutet heute noch, dass da jemand seine

Beziehungen spielen ließ, um der innerdeutschen Konkurrenz das Leben ein bisschen schwerer zu machen. Wie dem auch sei, nachdem der Athener Automobilclub gerade noch ein Dutzend Wagen zusammen gebracht hat, spielt sich in den paar Minuten am griechischen Berg nichts Dramatisches mehr ab: Trips vor Herrmann, Barth, von Frankenberg und Jüttner.

Die Regelung mit den vier Teilnahmen sollte eigentlich den Veranstaltern ausreichende Startfelder sichern. Jetzt führt sie aber dazu, dass nur fünf Fahrer in die Endwertung kommen, und Trips und Barth trotz Einzelsiegen und guten Platzierungen überhaupt nicht berücksichtigt werden: Daetwyler (Maserati) 25,5 Punkte, Herrmann (Borgward) 14, Richard von Frankenberg 9,5, Cabianca (OSCA u. Borgward) 7, Buffa (Maserati) 5.

Also geht der Vizetitel an Herrmann, aber als Gesamtbilanz übers Jahr muss man in Bremen zugeben: Die Porsche waren besser.

Bernhard Völker

Obwohl der Titelträger der Europa-Bergmeisterschaft schon feststand, starteten Hans Herrmann (Foto) und Fritz Jüttner beim Mont Parnès-Rennen.

Das geschah 1957

Januar

1. Das Saarland wird in die Bundesrepublik eingegliedert.

5. Die ersten drei Divisionen der Bundeswehr werden unter das Kommando der NATO gestellt.

19. Eines der ersten nach Kriegsende in Deutschland konstruierte Flugzeuge, ein einmotoriger Hochdecker vom Typ Dornier Do 27, wird an den Bundesverteidigungsminister übergeben.

Dornier DO 27.

Februar

1. Bei NSU gelingt der erste Testlauf eines Wankelmotors (Kammervolumen 125 cm^3, 29 PS bei 17.000 min^{-1}.

März

15. Die Vereinigten Staaten geben bekannt, dass ihre in der Bundesrepublik Deutschland stationierten Truppen über Kernwaffen verfügen.

25. Die Europäische Wirtschaftsgemeinschaft (EWG) wird mit der Unterzeichnung der Römischen Verträge durch Belgien, Frankreich, Italien, Luxemburg, die Niederlande und die Bundesrepublik gegründet. Der Vertrag tritt am 1. Januar 1958 in Kraft.

April

1. Die ersten Wehrpflichtigen der Bundeswehr beginnen ihren Wehrdienst.

Mai

7. Auf der Hannover Messer werden erstmals elektrische Schreibmaschinen gezeigt (2.000 DM). Auch Borgward kauft einige und erleichtert den Sekretärinnen damit ihre Arbeit.

19. In der Bundesrepublik Deutschland wird die Geschwindigkeit in Ortschaften auf 50 km/h begrenzt.

21. Das Bundesverfassungsgericht erklärt West-Berlin zu einem Land der Bundesrepublik und deshalb sei dort auch das Grundgesetz gültig. Tatsächlich galt bis 1990 alliiertes Besatzungsrecht, das u.a. die Todesstrafe auf unerlaubten Waffenbesitz vorsah, allerdings seit 1949 nicht angewandt wurde.

Wehrpflichtiger 1957.

Juni

18. Gesetz über die Gleichberechtigung von Mann und Frau in der Bundesrepublik Deutschland.

August

1. Die Deutsche Bundesbank löst die Bank deutscher Länder als Zentralbank ab.

26. Die Sowjetunion startet ihre erste Interkontinentalrakete. Damit können die sowjetischen Truppen jeden Punkt auf der Erde mit Atomsprengköpfen bombardieren.

September

Ford Edsel.

4. Ford-USA stellt den PKW „Edsel" vor, der ein legendärer Flop wird.

15. Bei der Bundestagswahl erreichen die CDU/CSU die absolute Mehrheit (50,2 %).

19. Dunlop zeigt auf der IAA die Scheibenbremse.

Liquiditätsschwierigkeiten bei Henschel. Mit der Sanierung wird Dr. Johannes Semler, München, beauftragt, der 1961 unrühmlich bei Borgward agiert.

Dr. Johannes Semler.

Oktober

3. Willy Brandt wird Nachfolger des verstorbenen Regierenden Bürgermeisters von Berlin, Otto Suhr.

5. Es befindet sich der erste künstliche Satellit auf einer Erdumlaufbahn. Diese sowjetische Pionierleistung löst durch das Gefühl der Unterlegenheit bei der US-amerikanischen Bevölkerung einen Schock aus.

31. In Garching bei München geht als erstes bundesdeutsches Kernkraftwerk der Forschungsreaktor München in Betrieb.

November

1. Die Frankfurter Prostituierte Rosemarie Nitribitt wird ermordet. Nitribitt unterhielt Beziehungen zu Prominenten aus Wirtschaft und Politik.

7. Null-Serienanlauf des Kleinwagens P 50 „Trabant" beim Volkseigenen Betrieb Sachsenring in Zwickau/DDR. Erst im Sommer 1958 beginnt die Serienproduktion des Lloyd LP 400-ähnlichen Fahrzeugs.

Sachsenring P 50.

Dezember

11. Die DDR bestraft das unerlaubte Verlassen ihres Territoriums als Republikflucht.

Sonstiges

Das asymetrische Kfz-Abblendlicht wird amtlich zugelassen.

Rechte Seite oben:
Der Rennfahrer Hans Herrmann begrüßt Carl F.W. Borgward in dessen Büro.

Rechte Seite unten:
Carl F.W. Borgward probiert beim Isabella-Treffen in Baden-Baden Schwarzwälder Spezialitäten.

Carl F.W. Borgward im Gespräch mit Bundespräsident Theodor Heuss und Wirtschaftsminister Ludwig Erhard (links) auf der IAA.

Terminkalender 1957 · Aus den Werken

Januar

Im Gegensatz zu früheren Winterhalbjahren, in denen saisonbedingt die Borgward GmbH Mitarbeiter entließ, konnte das im Winter 1956/57 vermieden werden. Im Januar stellte das Sebaldsbrücker Werk 600 Mitarbeiter ein.

Presse- und Werbe-Chef Heinz Thomass schlägt Borgward vor, das alte Firmensignet, der Flügelrhombus, zu ersetzen, da es leicht mit den Logos der Firmen Phoenix, Renault und sogar Gasolin verwechselt wird. Zusätzlich ist es eindeutig veraltet (es stammt aus den 30er-Jahren) und kostet als beleuchtete Außenwerbung ein Heidengeld. (Tatsächlich wird ein überarbeitetes Signet 1960 eingeführt.)

Februar

Dr. Carl F.W. Borgward meldet am 15. ein Patent für einen ringförmigen Kraftstoffbehälter an. Das Ringinnere wird als Staufach für das Reserverads genutzt. Anwendung beim Goliath 1100.

Mai

Am 29. empfingen Motorsportler an der Landesgrenze den Weltenbummler Wolfram Block. Der hatte mit seinem Lloyd eine Weltreise von 46.000 Kilometern hinter sich. Innerhalb 16 Monaten durchquerte er den Balkan, den Nahen Osten, Indien, Australien und die Vereinigten Staaten.

September

19. bis 29.: Internationale Automobilausstellung (IAA) in Frankfurt am Main.

Am 28. und 29. veranstaltete die Borgward GmbH ein Internationales Isabella-Treffen in Baden-Baden. Verbunden hatten die Organisatoren das Treffen, zu dem auch Carl F. W. Borgward mit seiner Ehefrau anwesend war, mit einer Zielfahrt.

Oktober

Im Oktober besucht der erfolgreiche Rennfahrer Hans Herrmann die Borgward-Werke und trifft mit Carl F. W. Borgward zusammen.

November

Der Weser-Kurier meldet, dass Japan Interesse am Kleinwagen Lloyd hat. Der Chef der Abteilung Karosserie und Entwicklung der Nagoya Werke (gehören zum Mitsubishi-Konzern) besuchte die Lloyd-Fabrik in der Bremer Neustadt.

Dezember

Die Borgward-Gruppe produziert 1957 erstmalig mehr als 100.000 Fahrzeuge im Jahr. Damit ist die Gruppe das größte Privatunternehmen Europas in der Automobilbranche.

Der Autor

Peter Kurze, geboren 1955 in Bremen, studierte Maschinenbau und Betriebswirtschaft. Als Autor und Verleger veröffentlichte er zahlreiche Werke zur Geschichte der Bremer Kraftfahrzeugindustrie. Sein umfangreiches Archiv umfasst Dokumente, Fotos und Filme, die diese bewegten Zeiten von Borgward, Hanomag und Mercedes-Benz darstellen. Die zeitgenössischen Profifotos stehen der Medienbranche und für Ausstellungen zur Verfügung. Mit dem historischen und dem heutzutage gedrehten Filmmaterial entstehen bei ihm Dokus für die corporate history der Auftraggeber.

Mein Dank

Mein besonderer Dank für ihre Hilfe geht an Karl-Heinz Bädeker, Werner Bach, Monica Borgward, Günter Brandt, Marianne Ernst, Gerhard Glende, Harro Hartmann, Hermann Hast, Ulf Kaack, Ulrich Kaiser, Klaus Köstermann, Winfried Kück, Rüdiger Schaarschmidt, Dieter Struckmann, Siegfried Seltmann, Erhard Thies und Bernhard Völker.

Bildquellen

Bayerische Motoren Werke AG 19o
Borgward Argentina SA: 69, 70, 71u, 72, 73
Botzenhardt, Paul: 9, 11, 16mu, 17o, 17mu, 19mu, 24u, 25o, 32, 36, 92o, 94
Daimler-Benz AG: 16mo, 17mo, 25u
Deutsche Renault AG: 18mu
Döhmann, Nicola: 96
FKFS: 34
Focke-Wulf GmbH: 71o
Ford-Werke AG: 18mo
Fusaro, Wieslav: 16o
Hartnett Motor Company Ltd: 74u
Kurze, Peter: 16u, 29o, 61, 62, 63u, 64, 65, 67, 79u
Maletz, Hans: 19mo
NSU-Automobil AG Heilbronn: 18m
NWF GmbH: 51o
Peugeot Talbot Deutschland GmbH: 17u
Pfundner, Martin: 88u
Richleske, Walter: 4, 5, 6, 7 , 8o, 8u, 17l, 20, 21o, 21mo, 21mu, 21u, 26o, 26u, 27o, 27u, 28, 29, 31o, 31m, 31u, 35o, 42, 43, 44, 45m, 46o, 46u, 47, 48o, 48m, 48u, 49o, 49m, 49u, 50, 63o, 66o, 66u, 69o, 69u, 75u, 76o, 76u, 77o, 78u, 79ol, 79or, 83, 84u, 90, 95o, 95u
Schammelt, Gerhard: 13o, 15, 24o, 35u, 51u, 52, 53u, 55, 56u, 57, 58u, 86o, 88o
Schmidt, Georg: 33, 77u
Schrader, Halwart: 18o
Seltmann, Siegfried: 54, 56o, 59
Völker, Heinrich: 45u
Witte, Karl-Heinz: 10, 12, 13mo, 13mu, 13u, 18u, 19u, 22, 23o, 23m, 23u, 24m, 41o, 41m, 41u, 74o

Es konnten nicht alle Foto-Urheber ermittelt werden. Rechteinhaber bitte beim Autor melden.